猫が歩いた近現代

——化け猫が家族になるまで

真辺将之
Masayuki Manabe

吉川弘文館

目次

「猫の歴史」を考える意味――プロローグ

猫の歴史の本を書く、と人に話すと、その反応は大きく二つに分かれる。「面白そう」という反応と、「何故そんなくだらないものを？」という反応である。おそらくいま本書を手にしているのは、前者の方が多いと思うが、もしかしたら、後者の感想をもって手にとってみた方もいるかもしれない。そのような、猫なんて…という方にも、本書は読んでほしいと思って書かれている。ぜひちょっと我慢して、続きを読んでみてほしい。というのも、猫なんて…というあなたの考えもまた、「猫の歴史」の一部を構成しているのだから。

歴史学の世界では、文字を書き残さなかった（あるいは書き残せなかった）人々の歴史の不在、ということが久しい昔から指摘され、それを克服すべくさまざまな試みが行われてきた。「語らない」あるいは「語ることができない」存在をどのようにして歴史の主体として描きうるのか、という問題である。こうした観点からいえば、動物は、下層民、マイノリティ、さまざまな被抑圧階級と比べても、それよりさらに語る言葉を持たない「弱者」である。動物自身が言葉を持たない以上、動物を主体としてその歴史を描くことは、ほとんど不可能に近い。史料＝人間の記録をもとに歴史を描けば、それは必然的に猫との関係を人間の側から見たもの、言い換えれば、人間の猫に対するまなざしの歴史にならざるをえない。

猫の歴史が猫に対する人間のまなざしの歴史だとするならば、猫に興味がないとか、猫が嫌い、ということもまた、「猫の歴史」の一部分ということになる。これは猫に限らず、「動物の歴史」というものが本質的に抱えるディレンマである。しかし同時に、だからこそ、「猫の歴史」は人間にとって重要である、ということにもなりうる。なぜならば猫の歴史は、猫を写し鏡にした人間自身の歴史であるからである。

考えてみれば、猫をはじめとする動物と人間との関係は、きわめて複雑なものである。動物を愛する人が沢山いる一方で、動物を犠牲にして得られた毛皮を身に着け、動物実験を経て開発された商品を愛用するような人も多い。猫や犬をかわいがる人は、猫や犬を食べるなどとんでもないと考えているが、しかし、牛や豚の肉は何の疑問もなく口にしていたりもする。さらに、大学などの研究機関で猫や犬が実験材料にされたりしている現状に声を上げる人はさほど多くない。動物は人間にとって、あるときには愛すべきペットであり、あるときには食材や商品であり、またあるときには実験材料でもある。このような、決して一筋縄ではいかない、複雑な関係は、過去にさかのぼることによって、さらに複雑さを増し、変化に富んだものとなる。そうした意味で、動物の歴史を考察することは、動物という他者、歴史という過去を通じて、人間社会のあり方を照らし返すことにつながるのである。

巷に溢れる俗流「猫の歴史」記述には、日本人は昔から猫が好きだった、猫を大切にしてきた、などと、夢のような話が書かれていることもある。著者自身、猫好きであり、本当に過去がそのようであったならばどんなに素晴らしいだろうと思うが、現実には、歴史はそのような夢物語ではない。猫が好きな人もいれば、猫は自分勝手だとか、不気味だとか言って嫌う人もおり、本書でみるように「猫を好き」ということの内実も、今と昔とでは異なっている。かつては自他共に認める猫好きが、同時に平気で猫を捨てたり殴ったりする時代もあった。「日本人は猫をずっと愛してきた」というような単純で恣意的な歴史の描き方は、今の猫好きの願望を歴史に投影したものであっても、猫の歩んできた過去を直視してはおらず、過去に生きた猫に対しても不誠実なものであると著者は考える。

さらに、従来の猫の歴史に関する書籍は、古代から江戸時代までを描いたものが多く、明治以降を本格的な対象に据えたものはほとんど存在しない。しかし、日本の猫の歴史のなかで、変化が最も激しく、かつ現在に直接つながっているのはこの時代である。近現代史のなかでの猫のあり方を追わなければ、現在の人間と猫との関係がどのようにな歴史的経緯のもとで形づくられてきたのかということも知ることができない。

以上の問題関心から、本書では、日本の近代・現代における猫の歴史を描き、猫にとっての「近代」「現代」とは何であったのかを、考えてみたい。むろん、先ほども述べたように、「猫の近代」「猫の現代」といっても、それは人間社会の猫へのまなざしの写し鏡である。そしてその人間社会の猫へのまなざしは、愛憎さまざまに入り混じった、一筋縄でいかない、複雑かつ変化に富むものであり、またそれゆえにさまざまなトラブルを生んできた。

こうした猫への評価をめぐる「分断」と、それに起因するトラブルの歴史を振り返って見ることは、単に猫と人間との関係だけではなく、社会の分断と対立が取り沙汰される近年の世界において、多様な価値観を持つ人々がどう共生していくかという問題を考る上でも、貴重な参考材料となりうるものである。論理の飛躍を承知の上であえて言えば、猫の問題は、まさにこれからの民主主義の問題でもある。冒頭で、猫を嫌いな人にも読んでほしいといったのは、それゆえである。猫という身近な素材をもとに、近現代の歴史を振り返りながら、未来の猫と人間の関係のあり方、言い換えれば、猫を囲む人間社会のこれからのあり方を考えるための材料を得ていただければ幸いである。

なお、本文中の史料引用にあたっては旧字体を新字体に置き換え、ルビを付し、一部修正を加えた部分もある。また典拠のうち一部新聞については『朝日』『毎日』『読売』のように略称で示した。

第一章　猫の「夜明け前」——前近代の猫イメージ——

1　猫の「明治維新」と江戸の「猫ブーム」

●猫の「近代」の始点はどこか?

日本の近現代史のスタート地点はどこか。「明治維新」と答える方が多いだろう。二〇一八年（平成三〇）に、「明治一五〇年」の名の下に、各地の博物館・資料館で関連する展示が行われるなど、明治を振り返るさまざまな催しが行われたことは記憶に新しい。では、猫にとっても明治維新は、近現代史の出発点なのであろうか?

結論から言ってしまえば、猫にとって、明治維新がその生活に影響を与えることはあまりなかった。明治という時代区分は、あくまで人間社会のものであり、猫に関していえば、明治中期までは、江戸期のあり方から大きな変化はない。猫に「明治維新」はなかったのである。もちろん、後述するように、明治維新以後、日本の近代化が進展していくなかで、人間の社会が変化し、人間の猫に対する見方や猫の扱い方もゆるやかに変わっていくことになる。その意味では間接的な影響はもちろんあった。しかし直接的には、明治維新は、当面、猫の生活には大きな変化をもたらさなかった。

維新後の「文明開化」の肉食ブームのなかでも、猫の食事は肉食に変化しなかった。それはあくまで最先端の風俗としてもてはやされただけで、家庭の日常に肉食が普及するのはもっと後のことである（肉の消費量が魚を上回るのは戦後高度経済成長期である）。明治になっても、猫の食事は、基本的に江戸時代と変わらず、米や雑穀に鰹節《かつおぶし》や味噌汁をか

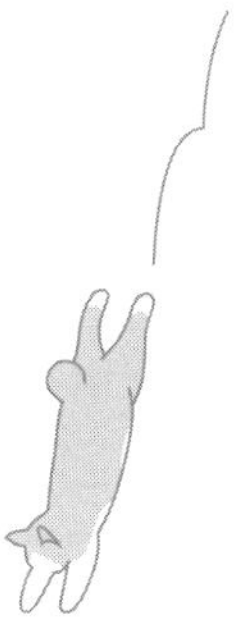

1＝喜多川歌麿「浴後の美人」

けた「猫まんま」や、魚の残り骨など、人間の食べ残しであった。変化があったとすれば、人間社会で牛乳が飲まれるようになったことから、猫にミルクを与える人が（おそらく少数だが）あらわれたことぐらいであろう。

　このように、明治維新からしばらくの時期は、猫にとってはいまだ近代以前の「前近代」の生活が続いていた。本章では、近現代の猫のあり方を考えるための「前史」として、江戸時代後期から明治中期頃までの、「近代以前」の猫の置かれた状況を描いていく。

●江戸の「猫ブーム」？

　江戸時代の猫というと、近年、歌川国芳《うたがわくによし》らの猫の浮世絵がさかんに取り上げられ、江戸時代人はみんな猫が好きだったというイメージを持っている方もおられるだろう。江戸にも「猫ブーム」があったのだ、というような言説すら、見かけることがある。確かに、江戸時代にも猫好きは多く、国芳もその一人であった。猫の墓や、綺麗に埋葬された猫の骨なども出土しており、愛された猫が多くいたことは事実である。しかし、本当に江戸時代に猫のブーム＝爆発的流行が起きたのだろうか？

　江戸の「猫ブーム」なる言説で最もよく取り上げられるのは、先ほども述べた歌川国芳の猫の浮世絵である。確かに、国芳が江戸時代の猫の絵画の世界に果たした役割は絶大なものがある。当時、浮世絵の猫は、たとえば、図1に掲げた喜多川歌麿《きたがわうたまろ》の作品のように、主役の美人に添えられる形で描かれるなど、小さい脇役として描かれることが多かった。そうした添え物としての猫の扱いを大きく転換したのが国芳であった。国芳は猫を擬人化したり、歌舞伎役者の似顔絵を猫の顔で描いたりなど、奇抜な着想で猫を主役とした絵を描いたのである。

2＝歌川国芳「猫のすずみ」（東京国立博物館蔵，Image: TNM Image Archives）

●国芳の人気

こう書くと、国芳が猫を擬人化することで「主役」化して人気を博したのなら、やはり「猫ブーム」はあったのではないのか？という声が聞こえてきそうである。しかし「江戸の猫ブーム」と銘打った展示会などで展示される猫の絵は、国芳とその一門による作品が大部分を占める。では国芳以外の作家が争って猫を描いたかといえば、実はそうした事実はない。国芳やその一門がたくさん描いたというだけなら、それは「国芳の絵」のブームでしかないのではないか？

ここで考えるべき問題は、国芳の絵が人気を博したのは、果たしてそれが「猫」を描いていたからなのか、という問題である。国芳の作品の本質は、「奇想」にこそあるといわれる（辻惟雄『奇想の系譜』ちくま学芸文庫、二〇〇四年）。つまり、国芳の浮世絵は、国芳ならではの意匠によって、世を驚かし面白いと思わせるところに最大の特色があった。そして猫を題材に使った絵もまたそう

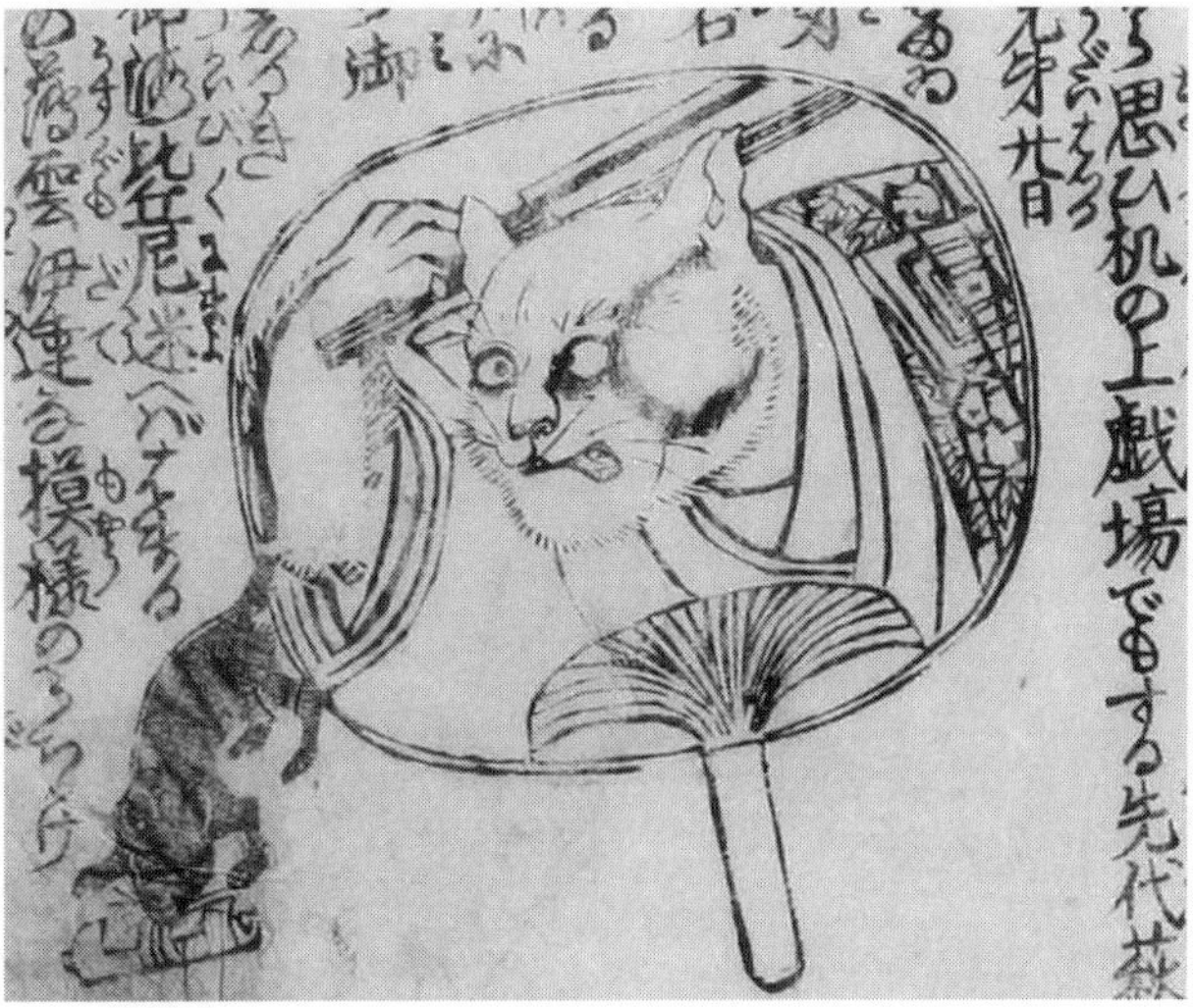

3＝「荒獅子男之助」を猫になぞらえた団扇絵（美図垣笑顔作・歌川芳艶画『花紅葉錦伊達傘』〈紅英堂, 1842年, 早稲田大学図書館蔵〉で，その絵の大人気を伝える文章の挿絵に描かれた模写）.

した「奇想」のバリエーションの一つであった。

それでは、国芳の猫の絵の「奇想」とは何であったのだろうか。国芳の猫の絵の多くは猫を擬人化したものである。歌舞伎役者の似顔絵も多い。そうした、人を猫になぞらえた面白さが、人気を博した一つの大きな要因であった。天保一三年（一八四二）正月新版の合巻『花《はな》紅葉《もみじ》錦《にしきの》伊達《だて》傘《がさ》』（蔦屋吉蔵《つたやきちぞう》）の序文「今の世の中の流行は国丸《くにまる》が鞠《まり》、国芳が猫に見立し百面相男の助の大当」という文章は、国芳の戯画の人気を示す文章としてよく引かれるが、「百面相」とは歌舞伎役者の似顔絵群を指し、「男の助」とは、仙台伊達家の御家騒動を題材にした「伽羅先代萩《めいぼくせんだいはぎ》」の登場人物荒獅子《あらじし》男《おとこ》之助《のすけ》のことである。

ちなみに、この荒獅子男之助は、「伽羅先代萩」のなかで、巻物を咥えたネズミを踏みつけて捕まえようとする役どころであり、そのこともまた猫になぞらえる面白さの要因として働いたのかもしれない。国芳自身、大の猫好きであり、だからこそ、猫の生態を生かした戯画を非常に上手く描くことができた。

しかし、人々に人気を博したのは猫そのものではなく、その「見立て」であって、面白ければ別に猫でなくても犬でもネズミでもよかったのである。そして実際、国芳は、猫以外の動物をつかった戯画も多く描いて人気を呼んでいた。大ヒットした「猫の百面相」にしても単に猫になぞらえたというだけでなく、それぞれ当時の役者によく似せて描かれており、それもまた人々の人気を博した要因であったと考えられる。江戸時代に猫を好きな人が多くいたこと自体は間違いないけれども、今日の猫好きのように、猫を文字通り「猫かわいがり」するような人は、社会全体からすればごくごく一部でしかなかった。もし、猫の魅力だけを主題とする絵を描き、猫が描かれているという理由だけでその絵に夢中になるような、当時においては数少ない層をターゲットに据えていたならば、ヒットは望みえなかったであろう。

同じことは、国芳が挿絵を描き、同じく猫好きの山東京山《さんとうきょうざん》が書いて人気を博した草双紙『朧月猫草紙《おぼろづきねこのそうし》』（山本平吉、一八四二～四九）についてもいえる。この『朧月猫草紙』のヒットが「猫ブーム」の流れによって起こったことであるならば、同じく猫を主題とした作品が続々と書かれてもおかしくないはずだが、しかし実際にはそのようなことは起こっていない。

日本文学研究者の津田真弓によれば、国芳が挿絵を描いた作品でも、猫を積極的に活用しようとした形跡は見られないという（津田真弓「歌川国芳画『朧月猫草紙』と猫図」『浮世絵芸術』一五二、二〇〇六年）。『朧月猫草紙』がヒットした事実と、それが「猫人気」によるものかどうかは、本来別のことであるはずだが、単に猫が登場する作品がヒットしたから「猫ブーム」だ、というような安易な結び付け方が近年なされてしまっている。本当に「猫ブーム」であったならば、草双紙の作者は争って猫を登場させようとしたはずだが、そうはなっていないのである。

●鼠除けの絵

併せていうと、江戸時代の猫の絵としては、鼠除けの猫絵《ねこえ》が有名である。国芳の絵と併せて、江戸時代の猫人気を示すものとして取り上げられることの多いものである。この鼠除けの猫の絵には、国芳が描いたものものわずかながら

4＝新田の猫絵（太田市立新田荘歴史資料館蔵）

存在するが、有名でかつ多く残っているのは、新田《にった》義貞《よしさだ》の家系を引くと言われる岩松家の当主が描いた「新田の猫絵」であろう。

ただし、これも「猫ブーム」の一環であったかといえば、否である。この絵は、鼠除けの一種のまじないが目的であって、猫そのものが愛らしいから飾っているのではない。江戸時代の農村、とりわけ養蚕を行っている農家などでは、ネズミ対策という実利目的のために、猫を飼っている家が多かったが、それは実利目的である以上、ネズミを捕らないとわかったとたんに厄介者扱いされ、果ては猫が捨てられることにもつながる。明治期の雑誌には「鼠を捕ふるの用を為《な》さずんば徒《いたず》らに穀潰《ごくつぶ》しの厄介畜と云ふべし」（「猫の鑑定法」『農業雑誌』四二七、一八九一年）と書かれているが、こうした考え方はこれ以前も多く見られたものであろう。一八七六年（明治九）の新聞には「武州八王子辺の養蚕場は鼠の出ないために猫の子を飼ひますが格別ねずみの為に成らぬとて中には近ごろの鼠取薬を買つて用ふるので夫《それ》がために鼠取薬を猫が食つて死ぬのがいくらも有ります」と報じられている（『読売』一八七六年六月一日）。猫よりもネズミ捕りが大事だったのである。

●招き猫

また、江戸時代の「猫ブーム」の一環として、招き猫人気に触れられることも多い。江戸後期、浅草で売られていた今戸焼の招き猫や、住吉大社の初辰《はったつ》参りの招き猫など、各地で招き猫がつくられ、商売繁盛の縁起物として売れたことは事実である。しかし、その人気を、はたして「猫ブーム」と呼べるであろうか。招き猫はたしかに、猫から派生した商品であるが、しかし人々がそれを消費する際に、猫だから、という理由で買っていたかといえば、それは疑問であろう。というのも、もし招き猫を、人々が本物の猫の代替物として買っていたのであれば、猫自体にも福や来客を招くというイメージがついて、本物の猫によって福を招こうという人々がたくさん出てきても不思議はないはずである。しかし、そのような、今日でいえば「看板猫」「福猫」のような感覚で、猫を飼おうとする動きは発生しなかった。いわば、招き猫というものは、一種のお守り的な人形ないし置物として、現実の猫とは区別されたものであったと著者は考える。

芸能史研究家の前田憲司によれば、江戸の文芸作品では「猫は魔物や色っぽいものとして描かれることがほとんど」であり、「猫が縁起物や招き猫として登場することはまずない」という。とりわけ犬の登場する落語に比べるとその特徴は顕著で、落語で猫が擬人化してしゃべる場合には、「それは薄気味の悪いものになってしまう」と指摘している（前田憲司「落語にでてくる猫たち」菊地真・日本招猫倶楽部編『招き猫の文化誌』勉誠出版、二〇〇一年）。また歌舞伎でも、「日本の旧劇では猫が出て来ても皆ろくでもない怪猫ばかりで、騒動を起こした揚句《あげく》の果《はて》が退治られて了《しま》ふのだから情《なさけ》ない」（水木京太「「不完全な家」にて」『中央公論』一九二六年一月号）というように、福を呼ぶ

5＝島霞谷が1860年代に撮影した猫（島榮一氏蔵，群馬県立歴史博物館提供）
猫を撮影した写真としては最初期のものと思われる．

イメージはほとんどなかった。これはつまり、招き猫の福を招くイメージが、現実の猫のイメージに全く影響を及ぼしていないことを示している。要するに、招き猫は、猫から派生したものでありながら、実際の猫とは区別された「福人形」として消費・流通していたのである。

以上の国芳の猫の浮世絵や、鼠除けの猫絵、招き猫は、それぞれ売れて一種のブームを巻き起こしたことは間違いない。これらだけを持ってきて並べれば、確かに「猫ブーム」があったかのように見えてしまう。しかしそれぞれのブームは、それぞれの文脈のなかで起こっていることであり、猫そのものの人気ではない。著者がここにこだわるのは、こうした「猫ブーム」としての捉え方は、現在の人間と猫の関係ないしは願望を過去に投影した、きわめて一面的な見方でしかないからである。では、江戸から明治にかけての人々が猫に向けた視線はどのようなものであったのだろうか。次にこれを見てみたい。

2　明治初期の猫認識

●猫への感覚の現代人との相違

江戸時代から明治初期にかけて、猫好きが一定数存在していたことは間違いのない事実である。ただし、この時代の人々の「猫好き」は、現代の「猫好き」の感覚と同じではない。例えば当時はまだ避妊や去勢の技術は普及しておらず、猫は次々に子を産んだが、「猫の子を産むこと甚だ多ければ其内一を存《のこ》して其余は無益にも海河に投ずるの風あり」（愛猫生「猫肉を食用に供すべき事」『農業雑誌』二四六、一八八六年）というように、その多くは殺された。ちなみにこの引用文の筆者は、捨てるくらいなら食べた方がいい、として猫肉食を提案している。この文章が書かれたのは真面目な農業雑誌であり、冗談ではなく本気で勧めているのだと思われる。猫を飼っていても、飼い方は自己中心的で、何かあればすぐに家を追い出すし、子猫を殺すことにも抵抗感がないというのが、江戸から明治までの一般的な感情であったと思われる。人間の赤子ですら「間引き」をする風習があった当時であるから、猫を殺すことぐらい何でもなかった。明治期になっても、自分の家の猫が盗みを働くので撲殺したとか、海や川に沈めたというような記事が散見される。今日のように、猫を殺すなんてとんでもない、という人は全体からみればごく少数でしかなかった。

●「猫神様」への感覚

しかし、その一方で、猫を神様として祀っている地域も存在する。こうした風習は、養蚕地帯に特に多い。例えば養蚕がさかんだった宮城県丸森町近辺には、猫神と並んで「猫供養」と書かれた石が多数存在している。ネズミから蚕を守ってくれた猫への感謝の気持ちが基礎として存在していたことは間違いない。ただ、それが供養ではなく、「神」にまで昇華するには、また別の観念の介在が必要であったのではないかと著者は考える。

猫に対する感覚と同様、「神」というものに対する感覚は、現在の我々と当時の人々とでは相当に異なっていたことを理解しなくてはならない。森の奥、山の向こうにどんな世界が広がっているのかすらよくわからない時代、自然現象も科学的な解釈が存在せず、人々の脳裏には、自然に対する強い畏怖の念が存在していた。そうした不可思議な天変地異をつかさどる神は、自然に対する「畏怖」つまり「おそれ」の感覚と表裏一体の存在であった。

例えば、宮城県に、有名な「猫島」として多くの観光客を集める田代島がある。この島は、今でこそ、「猫好き」の楽園として位置づけられているが、田代島の猫神は、もともと化け猫を祀ったものであり、現在ネット上で喧伝されている「島民が猫好きだから」という理由で祀られたわけではない。一八八九年（明治二二）に田代島の伝承をまとめた『田代管見録』（宮城県立図書館所蔵）には、この地には犬のように大きな山猫がいて夜に出没して怪をなすという伝承があり、「人之れを恐る鬼神の如し」と記されている。また犬を島に入れることを禁じていることも、今日では島人が猫を愛するからだと説明されるが、同書によれば、犬を入れれば不漁となるという伝承があったからだともされている。

田代島の猫に化かされた、あるいは憑かれたという話は島内だけではなく、宮城県内に古くから民話として多数伝えられていた。田代島に、鉄砲や犬を持っていくと、化け猫によって怪我をさせられたり、死んだりするので、神様として祀っているのだという伝承（松谷みよ子編著『女川・雄勝の民話』国土社、一九八七年）や、田代島にいる古猫が島中の犬を捕まえて食べるから犬は一匹も居なくなってしまった、雨の降る夜にその猫は雷のように鳴き、風を起こすという伝承（『読売』一八七八年一月二六日）などは、猫を神として祀る背景に、畏怖の感情が深く存在していたことを物語っている。

●祟る猫神

田代島の猫神の由来については、他にもいろいろな伝承が存在する。例えば、ある家で台所から外にいた猫に石をぶつけたところ、猫は足を引きずって逃げて行ったが、その後石を投げた息子が片足となってしまい、「猫の祟り」をおそれた島民が島の中央に猫神を祀ったという話も存在する（川島秀一「漁村の世間話」『昔話伝説研究』一五、一九八九年）。前述の『田代管見録』は、こうした民衆の伝承を「信を措くべきの点なし」「噴飯の笑話といふべし」「今日の開明豈《あに》此輩ありて可ならんや」と、知識人らしく見下しながら記しているが、島では明治以降の文明開化の風潮のなかでもこうした猫神への畏怖はなかなか消えなかった。村に赴任した新任の教員が、猫神を祀る風習を「野蛮だ」として批判し、村人も先生の言うことだからと猫神を粗末に扱うようになったが、その後その教員は網地島《あじしま》に転任してから猫の祟りで毎夜化け猫に悩まされ、ついに故郷に戻って死んでしまったという伝承も存在した。田代島には「むしろ、猫にだまされない者は島の住民ではないと思われるほど、無数の「猫バナシ」があった」のであり（前掲川島秀一「漁村の世間話」）、猫神への畏怖は化け猫への畏怖と通じる部分が存在していたのである。

また猫神として祀られたもののなかには、何らかの理由で殺された猫の祟りをおそれて祀ったものも多いようである。例えば、岡山の富田町に住む田五郎という人物がある時、猫に向かって貧乏を歎き、お前に言葉がわかるなら黄金の入った財布でも持ってきてくれ、と言ったところ、その夜小判の入った財布が家に落ちていた。しかし田五郎は、貧しさからくる愚痴を真に受けるとは俺の真意のわからぬ奴と言って、猫を斬ってしまった。すると、その後毎日猫を殺した時刻に猫の怨霊が現れるようになり、田五郎はこの祟りをおそれて屋敷の一隅に小さな祠を立て、猫神として祀ったという（中山太郎「ネコガミサマ」『日本民俗学辞典』梧桐書院、一九四一年）。猫の民俗に詳しい永野忠一は、現在招福息災の信仰対象として祀られている猫神・猫宮の類には、もともとこのように怨霊の報復をおそれて忌み祀ったものが多かったと述べている（永野忠一『猫の幻想と俗信』習俗同攻会、一九七八年）。

●涅槃図に描かれた猫

このように「猫神」をめぐる現代人と昔の人々との観念には隔たりがある。同様に、現在と過去とで、受け取られ方が異なっていたかもしれないものに、猫の描かれた涅槃図《ねはんず》がある。涅槃図とは、釈迦《しゃか》の涅槃、つまり入滅＝死の情景を表した絵図である。双樹《そうじゅ》下の宝座《ほうざ》に北を枕にし、右脇を下にして横臥する釈迦を取り囲んで、菩薩、天部、弟子、大臣などのほか、多数の鳥獣が泣き悲しんでいる様子が描かれているのだが、ここには通常、猫は描かれない。その理由は、インドで猫が嫌われていたからという説や、当時インドに猫が存在しなかったからだという説など諸説あるが、日本のいくつかの寺院には、猫が描き入れられた涅槃図が所蔵されている。

この涅槃図は、猫好きの着目するところでもあり、そうした涅槃図を見てまわっている猫マニアも多い。しかし、なぜそこに猫が描かれたのかについては、判然としないことが多い。その寺の僧侶、もしくは絵師が、猫が好きだったという事例もあるだろうが、猫好きにとっては好ましくない用いられ方をしていた事例もある。例えば、社会運動家で古代史家の渡部義通は、子供の頃の思い出話として次のような話を書きのこしている。すなわち、渡部の家の近くの寺でも、釈迦入寂の掛け図に、白黒の斑猫が描き込まれていたが、その寺の和尚は、涅槃会やお盆の中日のたびごとにその絵図を見せ、猫の部分を長い竹棒でつつきながら、「この猫めが、薬をとりにつかわされた鼠を追い廻したから、大切な薬が間に合わないで、お釈迦様がお亡くなりなされてしまった。猫めはその悪さで、この通り仲間はずれにされているのだ」と、毎年同じ調子で説明していたという（渡部義通『猫との対話』文芸春秋、一九六八年）。

仏教の世界では、猫の評判は散々であった。もちろん、個人的に猫を愛好する僧侶も多かったので、仏教徒が皆猫嫌いというわけではない。しかし中世文学研究者の田中貴子によれば、田中が目を通した仏典のなかで、猫を「愛らしいもの、慈しむべきもの」と扱っているものは皆無に等しかったと述べている（田中貴子『鈴の音が聞こえる』淡交社、二〇〇一年）。このような説明をすることは、仏教の教理にかなったことでもあり、猫の涅槃図も、必ずしも猫好きにとって嬉しい使い方をされていたとは限らないのである。

●惨憺たる猫イメージ

江戸の人々の猫のイメージといえば、まず何より化け猫・怪猫であった。化け猫の観念は平安末期から存在し、また妖力を持つ猫の怪物である「ねこまた」の伝承も、鎌倉時代から存在していたようであり、非常に古い由来を持つものである。とはいえ、「化ける動物」は猫以外にも多数おり、必ずしも猫がその代表格の立場ではなかった。しかし、江戸時代になると次第に猫が「化ける動物」の代表的地位に立つようになる。特に鶴屋南北《つるやなんぼく》が『独道中五十三駅《ひとりたびごじゅうさんつぎ》』のなかで「岡崎の化け猫」を創作してヒットして以降、有馬や佐賀の化け猫騒動など、化け猫が多く歌舞伎や草双紙などに描かれ、猫といえば化け猫・怪猫というイメージが付与されるようになる。

そして化け猫・怪猫は、単に物語のなかに存在しただけではない。というのも、江戸時代の文人が記した見聞録、具体名を挙げれば『類聚名物考《るいじゆうめいぶつこう》』『続耳談』『月令広義《げつれいこうぎ》』『想山著聞集《しようざんちよもんきしゆう》』『兎園小説《とえん》』『新著聞集』『耳嚢《みみぶくろ》』『反古風呂敷』『近世拾遺物語』その他もろもろ、夥しい数の説話集や類書（百科事典）、見聞録等に、化け猫・怪猫の見聞談が登場するからである。化け猫は単に物語のなかにだけ存在するものではなく、現実にありうるものとして、江戸時代の人々に捉えられていた。

猫を不気味なものとして捉える風潮は日本だけではなく、世界各地でみられるものである。猫は、自由気ままで、人間にひどく甘える時もあれば、自分の興味の赴くままに人間にそっぽを向くこともある。つぶらな瞳で人間を眺めるかと思えば、瞳孔が縦に細く縮まった狡猾な目つきをすることもあり、さらに夜の闇のなかでは怪しい眼光を放つ。猫がネズミを殺す殺し方は残酷で、なぶり弄ぶように殺していく。それを見た人々のなかには、猫を表裏二面性のある生き物だと感じた人も多かったことであろう。これが、化け猫・怪猫の伝承にリアリティを持たせることになったのだと考えられる。

また関連して、実は江戸の路地には、猫の死骸があふれていた。「府下一流の町でも路地に入れば、掃溜めに塵芥《ちりあくた》山をなし、猫や鼠の死体芥とともに堆積し、夏季などは臭気甚だしく（中略）秋口に至れば夜中人魂の飛び出すことあり」（鹿島万兵衛『江戸の夕栄』中公文庫、一九七七年）というように、猫の死骸が街にあふれ、夜になればそこから人魂が出てくるというような環境も、猫を不気味とするイメージの形成に関係していたであろう。

●芸者としての猫

さて、江戸から明治初期にかけての「猫」の言葉からイメージされるものに、もう一つ、芸者のイメージがある。特に明治初期の新聞や雑誌などに出てくる「猫」の記事は、その半分以上が、芸者（特に私娼的な芸妓）を指すものであった。語源は三味線の胴に猫の皮が使われていることにあるとされることが多い。しかしそれだけではなく、猫の女性的イメージも大きく関係していると著者は考える。

古くは江戸前期の『百物語評判』に、猫は人にくっついて甘えることがあるかと思えば、呼んでも来なかったり、猫につけた紐を引っ張っても必ず逆らう生き物で、「僻《ひが》み疑ふ心あり、女の性に似たり」とある（近代日本文学大系第一三巻『怪異小説集』国民図書、一九二七年）。また江戸後期の随筆『屠竜工随筆《とりようこう》』にも「猫、内に毒をふくんで寵せる〻こと、婦人に似たり」と、悪い意味で女性になぞらえられている（『続日本随筆大成』九、吉川弘文館、一九八〇年）。また春先の猫の発情期の様子は、猫の性的に淫靡なイメージの形成につながったと考えられる。おそらくその延長線上に、この芸者を指す用法が生じてきたものと考えられる。また「猫」の音が「寝子」に通じることも、男と寝るという意味にかかって、この用法が普及した要因であった。

明治初期のメディアには、本物の猫を題材にしつつ、芸者を掛け合わせた記事が非常に多く見られる。一八七六年（明治九）九月一八日の『読売新聞』に掲載された記事では、飼育動物に税金がかけられるという噂が出回り、捨て猫が相次いでいると報じられ、その末尾には「三円の猫なら鬚《ひげ》をぴく〳〵して拾ふ人がいくらも有りましやうに」と書かれている。「鬚」は当時官僚を象徴する言葉であり（それゆえ官僚は「鯰《なまず》」とも呼ばれた）、猫＝芸者を、髭を生やした役人が争って買う様子を諷刺していた一文であった。

なお、このように芸者を「猫」と呼ぶことに対して、同じ人間を畜生視するものでおかしいのではないかと疑義を呈する投書もある（『読売』一八七七年一一月八日）。文明開化の風潮のなかで、人権意識の高まりを見ることができる意見である。しかしそうした意見に対して、さらに柳橋の芸者を自称する人物から投書があり、「やつぱり芸者は猫にして置ていただく方が宜い」という反論が書かれている。猫の眼がコロコロ変わるように芸者の態度もお客次第で変わり、猫の鼻のように心の中身は冷たく、客の旦那を見れば猫が喉を鳴らして餌をもらおうとするのと同じように甘えて小判を引き出そうとし、猫がネズミを捕らえて離さないように「鼠の洋服さん」(官吏など身分の高い紳士)を捉えて離さずお金をもらう、という共通点を挙げ、私どもはこんな人間なのですから、猫と呼ばれて当然です、という内容である。投稿者は、実際には芸者を蔑む一般人であったろう。芸者＝猫のイメージが、表裏のある計算高い動物としてのイメージであったことがわかる。そもそも、芸者を猫と呼ぶべきではない、という意見自体が、人を畜生視するのは良くないという論拠に基づく意見であったように、猫に限らず、動物＝「畜生」は人より数段劣る生物である、というのが当時の人々の考えであった。人と動物のあいだには厳然たる上下関係があり、「猫みたいだね」と他人に言われたときに、「猫みたいにかわいい」という誉め言葉として受け取るような現代人の感覚はこの時期にはまだ存在していなかったのである。

●仮名垣魯文

猫を芸者になぞらえるという意味では、仮名垣魯文《かながきろぶん》に触れないわけにはいかない。魯文は文明開化の風俗を描いた『安愚楽鍋《あぐらなべ》』などの作品で知られる戯作者《げさくしゃ》であるが、彼は一八七五年(明治八)に、『仮名読新聞』を創刊すると、「猫々奇聞」と題する記事を連載し、「猫」を取り上げて、さかんに「猫」を攻撃した。近世から近代の文筆家で、芸者という意味での「猫」の語を、最も多く使用したのはおそらく仮名垣魯文であろう。その一方で、彼は自分自身「猫々道人」の筆名を用いており、本物の猫を愛していた。

魯文が本物の猫を愛する理由としては、猫の変化の激しさ、動きの多彩さに魅かれていたとする証言が残っている。しかし同時に魯文は「其質の淫なるを憎み」飼育しなかったとも書かれている(伊東専三「造猫《つくりねこ》の玩弄物《もてあそび》」『魯文珍報』九、一八七七年)。幕末期には魯文は猫を飼っていたようであるが、この時期には飼育しなくなり、その代わり猫に関する物品を集めるようになっていたようである。魯文のように猫の動き、百変百化のユーモアのある形象を愛するというのは、当時の猫好きの多くに共通するものであった。また、歌川国芳の猫のさまざまな姿態を描いた絵からも、国芳が魯文と同じく、猫の動きの多彩さにこそ、面白さを感じていたのだろうということも推測できる。

なお魯文は、自ら発刊する『魯文珍報』という雑誌の九号と一〇号を、それぞれ「百猫画譜」上冊・下冊と題して、猫の特集号を組んだ。猫といっても、その半分は芸者を指す文章になっているので、純粋な猫の特集ではないが、挿絵と本文の何割かは本物の猫に関するものであり、その意味ではこれが日本の雑誌における最初の「猫特集」ということになるだろう。特集名は、挿絵として掲載された、猫の百態を描いた歌川広重《ひろしげ》画「百猫画譜」に由来するが、この絵は、魯文が気に入ってことさらに特集を組んだことからもわかるように、猫の変化、動きの多彩さを描いたものとなっている。

●珍猫百覧会

前述したように魯文は、猫を飼育しない代わりに猫グッズを収集していた。人々もそうした魯文の嗜好を知り、猫が描かれたり猫を象ったりした物品を見つけると、魯文のもとに送るようになったという。そして魯文は、そのようにして集めた大量の猫グッズを展覧するべく、一八七八年（明治一一）七月二一・二二日の両日、両国中村楼にて「珍猫百覧会」というイベントを開催する。日本最初の猫の展覧会といっていい。書画骨董をはじめとする猫に関する物品が多数展示され、当日の余興には三遊亭円朝の新作「猫の草紙」や「善八の猫の声色」「芸者の猫の身振り踊り」などが演じられたという。ただし、本物の猫は展示されていない。

この展覧会は、普段『仮名読新聞』にて猫（芸者）を攻撃しているということで、その罪滅ぼしのために「猫塚」を建てるべく、そのための費用集め、という名目で行われた。また、魯文は、芸者を攻撃するのは、それが人に媚びて風俗を乱すからで、それに対して本当の猫は無邪気な存在で人に害を及ぼさないので愛すべき存在である。しかし、本物の猫は珍しいものではなく、展示するならむしろ猫の骨董を集めたほうが面白いだろう、とも述べている（「珍猫百覧会の前報告」『魯文珍報』一六、一八七八年）。展示する猫グッズは魯文の収集したものだけでなく、新聞広告を出すなどして広く募られた。その結果、展示品は六〇〇点以上も集まり、実際の展示会も盛況であった。

会場には猫だけでなく鯰のグッズが飾られたが、これは普段から『仮名読新聞』がちょび髭を生やした官吏を鯰に見立て、芸者漁りをする官吏を批判していたことに基づくものである。展示会に集まる人々も、猫に興味があってというよりは、そうした趣向の面白さに魅かれてのものであったと考えられる。都下の各新聞社が協賛したこともあって、二八〇〇人以上の人々が参観に訪れ、収益金も二五〇〇円近くにのぼった。この収益により、魯文は新富町《しんとみちょう》に仏骨庵と称する草庵を新築することができた。この新築の屋根には、高さ三尺（約九〇センチ）もある大猫が鯰を抑えている陶器が据え付けられ、またその猫の眼は金、髭は銀、鯰の髭は赤銅の豪勢なもので、座敷は木天蓼《またたび》の床柱、壁には真珠を塗り込んだ。本来の目的であった猫塚も浅草公園地花屋敷に設置され、また珍猫百覧会の盛況を紀念した「猫々道人紀念碑」が谷中《やなか》天王寺境内に設置された。

現在は、両碑ともに、魯文の菩提寺である谷中永久寺境内に移されている。なお、谷中永久寺には、この碑のほかに、魯文の「山猫めをと塚」が建てられている。これは魯文がこの後に飼育した雌雄の山猫の碑である。この山猫は、榎本武揚《えのもとたけあき》が欝陵島《ウルルン》《うつりょう》で捕らえ魯文に贈ったもので、飼育して一年後に亡くなったため、その供養のために碑を建てたのであった。猫を飼っていなかった魯文は、この時再び猫（といっても山猫だが）を飼育したのであった。

●『朧月猫草紙』における猫の魅力論

さて、話が大きくそれたが、当時、猫を好きだった人々が猫にどんな魅力を感じていたかという話に戻したい。魯文が猫の動きの面白さや、無邪気さに魅かれていたことは見たが、山東京山の作で、歌川国芳が挿絵を描いてヒットした『朧月猫草紙』には、猫が人にかわいがられるのは「うまれついてすなほなるゆゑ」〔素直〕だとされている（『朧月猫草紙』三編上の巻、山本平吉、一八四五年）。寝ているところを丁稚《でっち》に起こされたり、顔に袋をかぶらされても腹を立てないし、下女が叱られた腹いせにそのおかみさんの愛猫を叩いても、猫は小さく縮こまるだけであり、そのように素直で穏やかだからこそ愛されるのだというのだ。

こうした猫イメージには違和感を抱く人もいるかもしれない。ここでの京山の記述は、おそらく犬の獰猛さとの対比が背景にあるのではないかと思われる。すなわち、江戸時代には、「町の犬」「村の犬」と呼ばれる、飼い主が明確ではない犬が人間の住む付近をうろついており、また獰猛な野犬も多く存在した。そうした犬が猫に噛みつくことも多く、『朧月猫草紙』の叙述でも、猫がひどく犬を恐れている様子が窺える。今日では想像できないほどに、犬が吠え、猫に噛み付くことが多かったのである。このような中で、猫のイメージは犬との対比において形成され、おとなしく、素直だと感じる人もいた。人がおとなしく装っているさまを、「猫をかぶる」というが、この言葉の語源も、江戸時代のこのような猫イメージに由来するものであろう。

ただし次章で見るように、この猫イメージは必ずしも一般的なものではない。犬との比較では、前述のような解釈が存在する一方で、忠義な犬と違って猫は素直ではない、裏のある動物だという見方が非常に根強く存在していたからである。このように、江戸から明治にかけての猫の評価は、大きく分かれるものであった。人間と歴史的に関わりの深かった動物で、これほどまでに好き嫌いが分かれていた動物はほかに存在しないであろう。

なお『朧月猫草紙』には、猫は女性が好むものであると書かれ、その例として芭蕉の門人服部嵐雪《はっとりらんせつ》の妻おれつが、猫を我が子のようにかわいがった例が挙げられている。国芳や魯文など、男性の猫好きもいるにはいるが、絵画などでも女性が猫をかわいがっている姿が多く描かれており、一般的には女性や子どもに猫を愛する者が多かったようである。ただし子どもは、猫を愛する存在であると同時に、猫をいじめる存在でもあった。たとえば一八八〇年（明治一三）の新聞には、ある家の飼い猫がさかって交尾していたところを子どもたちが見つけ、「ヤア猫めが孳尾《さかつ》て居ると大勢にて小石を投げるやら竹棹にて突つくので二疋の猫はフウフウニヤア〳〵と啼《なき》ながら逃げ廻るのを追駈《おつか》け廻すうち無慚や猫は足を踏み外して孳尾《さかつ》たまゝ屋根よりコロ〳〵と下の井戸へ転げ落たと聞くより飼主が飛で来て直に引上たが最早《もはや》事切れて二疋とも非業の死を遂げたので飼主は我実子を失ひし様に嘆き悲しみ双方の飼主其外の者が打寄て〔現場となった〕音次郎方の裏の畑へ埋葬したので有るとはニヤンマ弥陀仏」（『読売』一八八〇年一一月九日）というような記事が出ている。

これなどはたまたま新聞記事化された事例だが、実際には記事にもならない子どもによる猫虐待事件は相当多かっただろうと推測される。大人による猫に対する暴力も多く行われていたことも新聞などの記事からわかるが、大人の場合、物を盗む猫や家の鶏などを殺した猫に対する報復が多いの対し、子どもは興味本位から猫をいじめることが多い。また女性についても、猫好きも多い一方で、食材を盗んでいく泥棒猫の存在などから、猫を激しく嫌う女性も多かったようである。この点については第三章で詳しく述べることとしたい。

●猫に対する愛憎の幅

一般に猫好きはその愛情を文章や絵に記すから記録が残りやすい。しかし猫嫌いの人は、わざわざ嫌いなものを記録しようとはしないがゆえに、猫嫌いの記録は残りにくい。まして、猫を好きでも嫌いでもない無関心の人々は、ほとんど記録を残すことはない。そうしたなかで、多く残っている猫好きの記録だけを集めれば、江戸から明治にかけての日本には猫好きばかりだったかのように歴史を描くことも可能である。しかし、それは決して誠実な歴史の描き方とはいえまい。実際には、猫嫌いの人も、また猫に無関心な人も多かった。

猫好きの山東京山が描いた『朧月猫草紙』にも、猫嫌いの人物が登場する。主人公「こま」の恋人「とら」も、魚を盗もうとしたがために人間に石をぶつけられて殺される。猫好きの作家ですら、その作中に猫が殺されるシーンを描き込むほどに、猫が人に殺されることは日常茶飯事だった。動物愛護という観念もなく、暴力に対する考え方も違う時代のことではある。江戸時代の説話にも、明治初期の新聞にも、泥棒を働いた猫を殺したという記事が散見されるし、猫を飼育している人、猫好きの人であっても、その飼い方は身勝手で、猫に対して暴力をふるう人も相当に多かった。江戸から明治にかけての猫と人間の関係は、一筋縄ではいかない多様で複層的なものであり、そうした愛憎の幅の広さこそが、この時期の猫に対する人間の目線の最大の特徴なのである。そしてそうしたなかでも、どちらかといえば、猫に良いイメージを持っていない人が多かったことは、「猫ばば」「猫に鰹節」「猫撫で声」「猫に小判」「猫は三年の恩を三日で忘れる」など、江戸時代から存在する猫に関する言葉にマイナスイメージのものが多いことからも明らかであろう。

こうしたなかから、猫はどのようにして、今日のような愛される動物としての地位を獲得していくのだろうか。その道筋は平坦ではない、苦難に満ちたものであった。次章以降、近代そして現代への変化のなかで翻弄されつつも、次第にその地位を確保していく猫の有様をみていくこととしたい。

第二章　近代猫イメージの誕生――猫が「主役」になるまで――

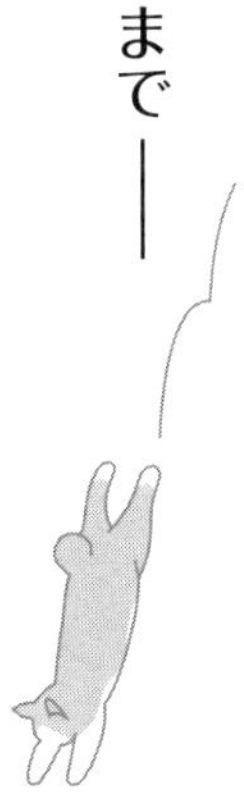

1　明治の文筆家たちと猫

●頼山陽の「猫狗説」

猫のイメージはしばしば犬との対比において形成されるが、かつての犬派と猫派の争いは、今よりも熱を帯びた。古代宮廷で、乳母に嗾《けしか》けられて猫に襲いかかったために、逆にボコボコに打擲《ちょうちゃく》されてしまった哀れな「翁丸」の物語（『枕草子』）は有名であるが、同様に猫を守るために犬を打ったり追い払ったりする人もいたし、逆に犬に猫を襲うようけしかける乱暴な犬の飼い主もいたことは、明治期の新聞記事などからも確認できる。

近年、猫を愛した作家たちに関する特集本が多く出版されていることから、文筆家には犬好きよりも猫好きが多いというイメージを持っている方も多いかもしれない。確かに大正期以降になると猫好きの文筆家が多く出てくる。しかし、実は、江戸から明治の文筆の世界では、猫の評判は散々である。とりわけ犬と比較される場合の猫は連戦連敗と言ってよい。

その比較論の祖型となったのは江戸時代の文筆家で、『日本外史』の著者として有名な頼山陽《らいさんよう》の「猫狗説」であった。猫は三年の恩を三日で忘れるのに、犬は三日養っただけで、その後三年経っても主を忘れないと言われる。それなのになぜ世の中では犬を疎んじるのか。それは猫が容貌、声色、そして性格において、人に媚びて、受け入れられるからである。このために、猫は家の中に出入りして魚を食べ布団の中で眠ることができるのに、犬は土の上で残飯を食べなくてはならない。こう述べた上で、頼山陽は、人間世界も同様に外面のよいもの、媚び諂《へつら》うものが用いられる傾向にあるとして社会の不条理を嘆いたのである（木崎愛吉編『頼山陽全書　文集』頼山陽先生遺蹟顕彰会、一九三一年）。

頼山陽の言う通り、猫は確かに人間との距離が近い動物だった。街道風景等を描いた浮世絵など、犬が江戸時代の絵画に登場するのは、圧倒的に屋外の場面が多い。それに対して、猫は、美人画などで女性に抱かれたりまとわりついたり、屋内で人の近くによく描かれている。江戸時代の犬には、街や村をうろつき、特定の家に属さない、「町の犬」「村の犬」と言われる犬が多かった。他方、猫は平気で家の中に入り込む。勝手に家に入って食物を盗むこともある。それなのに、忠義な犬が外に追いやられ、外面ばかりで中身はずるがしこい猫が家に出入りし、場合によっては人間の布団の中にまで入るほどに寵愛されるものもいる。そうした状況を、頼山陽は快く思わなかったのである。

●野田笛浦の「猫説」

しかし、ほぼ同じ時代に、頼山陽とは異なる見方で、猫について書いた文章が存在する。頼と同時代の漢学者であった野田笛浦《のだてきほ》の「猫説」である。野田の飼育する猫が一週間に一匹程度しかネズミを捕らないことを、友人が責めたことに触発されて書いたものらしい。この文章で野田は、一般に猫はネズミを捕るゆえに有用だとされるが、そんなことは賞するに足りないと言う。しかしそれは猫を貶めているのではない。野田によれば、猫はネズミをすべて取り尽くしたりしないからこそ尊いのだ。一匹だけ捕らえれば、もうネズミは恐れて出てこなくなる。それで充分である。もしすべてのネズミが団結して一匹の猫に当たれば、猫は負けてしまうだろう（なお、「窮鼠《きゅうそ》猫を噛む」の諺通り、ネズミが猫を殺した例は明治期の新聞でも時折報道されている）。それよりも一罰百戒の姿勢でネズミの害を防ぐことこそ、猫の優れたところなのだと野田は言い、さらに、これは人間社会でも同じだと論じる。つまり、一県の令、一官の長たるものが威権を振り回せば、最後には民衆も黙っていられず反抗に出ざるを得なくなる。だからこそ、「必らずや能く猫の心を以て心と為《な》す者あらば、以て令たり長たる可《べ》し」と野田は言うのである（野田笛浦『海紅園小稿』野田鷹雄、一八八一年）。頼山陽が君主に取り立てられる臣下の類型として猫と犬の比喩を用いたのに対し、野田は民政を行うものの性格になぞらえて、猫の徳を賞したのであった。

だが頼山陽の文章が後世に大きな影響を与えたのに対して、野田のこの見解はあまり影響を与えなかった。猫が一罰百戒を狙ってネズミを捕る数を抑制しているとは考えにくく、説得力が弱かったことも原因であろう。しかし、一番の理由は、そもそも道徳の観点から猫の徳を述べたところで、結局、犬に勝つことはできないという点にあったと考えられる。江戸時代には、民間説話として、猫が飼い主に恩を報じようとした「猫の報恩談」の類も各地に存在してはいたが、それだけで犬に勝つことは至難だった。なぜならば、そういう猫もいたかもしれないが珍しい例外的存在だ、とされるのが関の山で、判断の基準があくまで道徳性にある限りにおいては、犬の忠義に猫がかなうべくもないからである。まして化け猫・怪猫のイメージがきわめて強い当時である。一般的には、猫は道徳的ではない生き物として捉えられるのが普通であった。

●阪谷朗廬の「猫宗」

儒教道徳による価値意識が根強く残存し、文章が道徳心と離れるべきではないという強い規範が存在した当時の文筆家や知識人が書いたものであるから、猫は単独で引き合いに出される場合であっても、悪く書かれることが非常に多かった。こうしたなか、幕末開港後、日本に西洋人がやってくるようになり、攘夷論が盛り上がって西洋人に対する警戒心が生じてくると、西洋人を猫になぞらえて警戒を呼びかける論者まで出てくることになった。儒学者で、明治期には洋学者の団体である明六社にも所属して活躍した阪谷朗廬《さかたにろうろ》という人物である。阪谷は、西洋人の信奉するキリスト教は、もともと後世の福を求める利欲に基づいて立てられた教えであり、根本は利欲にある、だから、利益が絡むと態度を豹変させて、無理・押し付けを言い出して、他国を蹂躙したりする、その様子は、まさに「猫宗」(猫の宗教)である、キリスト教の教えの通りに地獄があるなら、猫宗たるキリスト教徒が落ちる猫地獄もできるに違いない、と述べている(日本近代思想大系一〇『学問と知識人』岩波書店、一九八八年)。

著名な儒学者で、のちに明六社の一員ともなる学識を有していた人物が、教え子たちにこのように説いていることから考えても、幕末から明治維新期にかけて、こうした猫イメージが知識人の世界において再生産されつづけていったことは想像にかたくない。

●明治の猫犬比較論

明治維新後も状況はすぐには変わらない。儒教に対する批判が起こり、文明開化の風潮も盛り上がったとはいえ、天皇・国家に尽くす国民の育成が急務とされ、富国強兵を目指し忠君愛国を是とする教育が重んじられていくなかで、「忠」という徳目を重んじる観念は変わらなかったからである。

それを示すように、頼山陽「猫狗説」は明治初期から中期にかけての教科書や青少年向けの模範文集などにも数多く掲載されており、少年たちに大きな影響を与えた。また、当時の青少年が執筆した模範作文集などのなかには、頼山陽の議論を換骨奪胎したような文章が頻出する。いくつか例を挙げれば、一八七九年(明治一二)七月の稲垣茂郎編輯『席上作文集』巻之一(稲垣茂郎発行)に掲載された篠宮正太郎「狗猫の説」は、「夫《それ》猫なる者は其性狡猾《こうかつ》にして其面温柔なり」「犬は其性猛烈にして其体粗笨《そほん》なり而《しか》して能《よ》く夜を守り盗を吠ゆ然れども猫の親み易きに如かざるなり」とした上で、人間も同じで容貌が美しく口が上手いものは人に受け入れられ、剛毅だが口下手な人間は退けられる、しかし自分は犬を愛し、猫に与することはできない、と論じている。

一八八八年五月の『英華集《えいかしゅう》』第二編(韶陽会)に掲載されている川本実恒「猫の説」もまた、「猫の姦《かん》たる固《もと》より言を待たず」、しかしそれでも人が猫を養うのはネズミを捕るからだが、それは姦を以て姦を討つものでしかなく、その功だけを見ていては思わぬ害を受けることになるだろう、と述べ、人間社会にも同じことがあると戒めている。

同年七月の『英華集』第四編（韶陽会）に掲載された山陰二朗「狗猫の説」もまた、猫がネズミを捕るのは決して主人のためではなく、単に自分の口腹を満たそうとしているにすぎない、これに対し犬はどんなに苦しくても我慢して主人のために尽くす、人間社会でも猫のように国家のために力を尽くしているように見えて私利を図っているにすぎないものがいるので、気をつけなくてはならない、と論じる。他にも似たような文章は枚挙に遑がないが、以上は、いずれも優れた文章として模範文集に収録されたものであり、当時の支配的な価値観を示し、かつそれがまた多くの少年に影響を与えたであろうと考えられる。

このように江戸から明治にかけて、猫は散々に貶められることが続いた。「昔から猫といふと、どうも徳の薄いものにしてある様です」「随分大厦、玉楼の端をも汚し、高貴な方々の膝にも抱かれる様子です。然るに、其品性の議論になると、誰一人猫どの丶加勢をする人はない、異口同音に悪ざまに申升《もうします》。いや狎《な》れ易いの狡猾だの意地悪だのといひ、人間同士品評するにも、猫をかぶつて居るとか、猫撫声だとかいへば、極々厭《いと》ふ可《べ》きことと申すので御座《ござ》り升《ます》。其他俗話にも化猫とか、何の猫騒動とか、実に気味のわるいこと計《ばか》り」（「猫徳」『少年世界』一―一九、一八九五年）というのが、明治中期頃までの一般的な猫イメージの状況であった。忠君愛国を是とし、天皇・国家に尽くす国民の育成が最急務の課題とされていた当時において、道徳論で評価されては、猫は犬には勝ちようがなかったのである。

●猫より犬が愛される

ところで、多くの猫犬比較論では、忠義な犬より外面だけの猫がかわいがられているとして批判されていたが、これは文章の論理展開上、一部の人が猫を溺愛することを誇張したもので、全般的には、江戸時代以来、猫よりも犬の方が一般の人気もはるかに高かったようである。一八八五年（明治一八）に出版された子ども向けの読本『涵徳即席《かんとく》ばなし』では「犬は人に愛せらる、こと猫より厚し」とされ、特に子どもたちが「甚だ犬を愛して猫には爾《しか》せざるなり」と述べられている。犬は人の恩を忘れず主に奉ずるが、逆に猫は盗み食いをして「叱咤を受け切々殴打せらる、も敢て省みざる」ため、それが両者の人気の差となって表れているというのである（藤井曹太郎述『涵徳即席ばなし』備福活版社、一八八五年）。

明治政府の参議・外務卿を務めた副島種臣《そえじまたねおみ》は、「剛直の気質とて人間にても猫の如き柔佞《じゆうねい》の者を忌み嫌はれ況《ま》して真個《まこと》の猫と見れば矢庭に拳を揮《ふる》ふて打据えつ、女中どもに猫の紛れ込まぬやう厳しく注意を与へ居れるは（中略）ニヤント可笑《おかし》き話ならずや」（「好きと嫌ひ」『読売』一九〇三年一〇月一九日）と新聞に報じられている。猫のような物腰柔らかく諂う人間を嫌うあまり、本物の猫まで殴っていたというのである。しかも記事は、それを非難するどころか、面白がっている。動物愛護の観念の存在しない時代、こうした報道がまことしやかになされるほどに、猫は嫌われ、迫害されることが多かった。

当時の人々は今日では考えられないほど平気で猫を殴った。自分の飼い猫とて例外ではなく、飼い主や家の使用人に打ち叩かれたり、あるいは鼻の頭を壁にこすりつけられたり、板の間に投げ飛ばされたりすることも多かった。猫好きとして知られる南方熊楠《みなかたくまぐす》ですら、傷ついて帰ってきた飼い猫を汚いと蹴飛ばしたり、家の鶏を捕った野良猫を毒エサで退治したりしている（南方熊楠ほか『熊楠と猫』共和国、二〇一八年）。こうした行為は熊楠に限ったものではなく、幅広く当時の猫飼育者に見られるものであり、当時は猫が好きといっても、今日のように家族の一員というようなかわいがり方をすることは稀であった。引っ越しをする時には平気で捨てていくし、他人の家のものを盗んだと抗議されたりすれば、かわいがっていた猫を殴ったり殺したりしてしまうこともあった。

●猫好き少年の反論

しかし他方で、以上に述べてきたような猫の悪徳イメージに納得がいかない少年たちも存在したことが、当時の少年の投稿雑誌からわかる。日本最初の少年向け投稿雑誌である『穎才新誌《えいさいしんし》』の六六七号（一八九〇年）に掲載された松岡均平「畜猫説」（漢文）は、自分の家で飼っていた猫「多摩」が、毬に戯れたりネズミを捕って誇らしげにするなどの愛らしい様子を描写した上で、世人が往々にして猫を「奸佞之臣諂諛之徒《かんねいのしんてんゆのと》」になぞらえることを批判、猫が話すことができれば必ずやその無実を訴えるであろうとして、猫は本当に愛すべきものだと論じている。

しかし猫を批判する者は、猫がネズミを捕ることを「私利」だと断じ、称賛するに価しないと論じていた。であるから、これはそれに対する真正面からの反論となっているわけではない。とはいえ、その愛らしい様子、特に、ネズミを捕ったことを誇らしげに見せることなどは、猫の狡猾さではなく、むしろ猫の無邪気な様子、表裏のないことを示すのだと、松岡少年は言いたかったのであろう。忠義か否かではなく、ただ愛らしいからという、それだけの理由で猫を賞して何が悪い、という気持ちがあったに違いない。そしてそのような素直な感情を文章にあらわそうとする少年の存在からは、文学の道徳心からの解放が、少しずつではあるが、進んでいたことも窺える。ちなみに、この松岡少年は、司法官松岡康毅《やすたけ》の長男で、のちに東京帝国大学教授や貴族院議員を務めることになる俊才であった。

また、『穎才新誌』一〇五五号（一八九八年）に掲載されている海老原三郎平「猫の死を憐む」は、拳ほどの大きさの頃から飼っていた猫が死んだことを悼む文章である。非常な名文であるので、そのまま掲載したい。

丁酉（一八九七年）霜降前五日（一〇月一八日）、愛猫金風（秋風）蕭颯《しょうさつ》（物寂しく吹く様子）、庭上の草露旭に消ゆるの時、俄然死去す、吁《ああ》、憐れむべき哉、余猫児拳大の時より養ふて、茲《ここ》に数年、其性敏活、能《よ》く狎《な》れ、能く戯れ、花咲く朝膝の上に蹲《うずくま》り、雪降る夕懐《ふところ》の中に眠る、稍長《ややちょう》じて能く鼠を駆り、苟《いやし》くも盗食を為《な》さす、時に鳴て足に縋《すが》り、頭を摩《さす》りて食を求む、之を与ふれば、喉を鳴らして喜ぶ、其鼠を捕ふるや、必ず我書を繙く机辺に来て、且つ弄し、且つ喰ふ、其状之を誇るもの丶如く、我賞辞〔ほめ言葉〕を聞きて得々然〔得意の様子〕たり、而して今や是れ亡し、之を北丘草繁り落葉紅なるの辺に葬る、時に斜陽影薄く、虫声喞々《しょくしょく》たり、此に一椀の水と、一抹の香とを賜ふ、汝夫《そ》れ安らかに眠れ、

文体の風格に加え、猫の甘えたり喜んだりする様子や、獲物を捕らえた得意げな表情などを読者に髣髴《ほうふつ》とさせ、その猫が死んだ姿を過度に感傷的に陥ることなく描き、そうした過剰な装飾を避けているがゆえにかえって深い哀愁を感じさせる、素晴らしい文章である。ここにもまた、道徳心という評価軸からの文学の解放と、それゆえの猫の悪徳イメージからの解放を見ることができる。こうした道徳心にとらわれず猫を描きうる人々の登場こそが、猫イメージの「近代」を萌芽的に準備していたのだといってよい。

●二葉亭四迷の猫への愛

同じ頃、著名な文学者のなかに、猫を深く愛し、かつ、人間界のさまざまな価値観を猫に投影することを拒否した人物がいた。近代小説の先駆といわれる『浮雲』の作者二葉亭四迷《ふたばていしめい》である。二葉亭の愛猫は、もともと他から迷い込んできた雌の白猫であったというが、丸々と太り、毛並みも顔つきもあまりよくはなかった。来客たちが、こんな猫のどこがかわいいのかと聞くのに対し、「人間の標準から見て、猫の容貌《きりよう》が好いの悪いのといふは間違つてをる」「自分の娘が醜いからと云つて親の情愛に変りが無いと同様に〔中略〕犬や猫の容貌が好いの悪いのと云つて好いたり嫌つたりするは人間として実に恥かしい事だ」などと言って、喉を鳴らす猫を両手でギュッと抱きしめて、「誰も褒めて呉《く》れ手が無くても、大事の可愛い丶娘だ」と、頬ずりしながら言うのが常であったという。

なお実際この猫は、発情期になると多くの猫が寄ってくるモテ猫であったが、二葉亭は、酒屋の猫は癖が悪い、桶屋の猫は顔が悪い、乾物屋の猫は毛並みが良くないなど、自分の猫については人間の眼で美醜を定めてはならないと

言っていながら、あれこれ品定めをして悪い虫がつかないか心配していたという。だが結局は力強く憎らしい野良猫が最後の勝利者となってしまうので、二葉亭は、猫の恋は精神的な恋愛ではない、と嘆息していたともいう。

それでも猫が野良猫の子を孕むと、大変な大騒ぎで、行李《こうり》の蓋などにボロ布を敷いて産褥を作り、腹をさすりながら夜通し眠らずに面倒を見て、「昨宵は猫の取揚げ爺さんをして到頭《とうとう》眠られなかつた」と大満足な顔をし、お産後しばらくは、孫でも生まれたかのように、取り上げ爺さんの苦労話を嬉しそうに語っていたという。また生まれた猫の引き取り手を探す際には、私立探偵社へ頼んで身元調査を行わんばかりの奔走ぶりであった。猫の晩年には、お腹を下すようになった老猫の下の世話までしていたという。

家では猫が二葉亭の次に大事にされており、子どもたちは「あれは父ちゃんのおにやん子」と遠慮して指一本触れようとしなかったという。大事にされるがゆえに猫も傍若無人となり、客人の食べものまで平気で横取りして食べるほどで、刺身の一皿くらいは独り占めしてペロリと平らげ、それでもなお足りず、主人が箸に挿んだ魚を横取りしたりもしたが、盗られた二葉亭はそれを見て目を細くして、「ドウモ敏捷《すばしつ》こい奴だ！」とにこにこしていたという。

しかし、これほど大切にかわいがっていながら、この猫には名前がなかった。家族は便宜上「白」と呼んでいたが、二葉亭は「猫に名なんぞを付けるは人間の繁文縟礼《はんぶんじよくれい》であつて、猫は名を呼ばれても決して喜ばない」と言っていたという。また人から猫を貰ったことは一度もなく、「棄てられたり紛れたりして来たから拾つて育て〻やるので、犬や猫を飼ふのは楽みよりは苦みである、わざ〳〵求めて飼ふもんでは決して無い」と言っていた。当時は猫を飼っている人であっても、猫を畜生と蔑《さげす》み物扱いする人が多かったが、そうしたなかで、二葉亭のこうした姿勢は非常に珍しいものであった。もし二葉亭が猫を主題とした小説を書いていたら他とは一線を画するものになったのではないか、とも思うが、猫を人間の価値観で判断することを嫌い、あくまで猫の立場でものを考えようとした二葉亭なればこそ、人間の目線で猫を描くことを潔しとしなかったのかもしれない（以上、内田魯庵『きのふけふ』博文館、一九一六年、および同『獏の舌』春秋社、一九二五年)。

●戸川残花の『猫の話』

なお、二葉亭が『浮雲』を執筆していた頃、猫の描かれ方の革新が、児童文学の世界から始まっていた。一八八九年(明治二二)に発行された日本最初の児童文学雑誌『撫子』の第一号に掲載され、その後独立して刊行された戸川残花《ざんか》の『猫の話』である。この作品は、猫語を解する作者が、その会話を翻訳したという体裁で、猫の会話形式で書かれている。

近世の、猫を主人公とする読み物は、擬人化の度合いが強く、猫といいつつ、人間のような活劇を演じることが多く、またそこに勧善懲悪のストーリーが入り込むことも多い。その意味で、猫を猫として描いたというよりは、猫に仮託して人間の世界を描いたという要素が強かった。その上、当時は化け猫・怪猫のイメージが強くまとわりついていたため、不思議な力を駆使して人間を困らせる猫も多く登場する。こうなってくると、もはやそれは妖怪であって、現実の猫としてのリアリティは失われている。しかし、この猫の童話は、そうした近世的な擬人化猫の活劇ではなく、また勧善懲悪のストーリーや教訓めいた話も多くなく、猫の日常会話に仮託した、ほのぼのと楽しめる物語になっている。

「今日は嗅ぎ様を教へませう、ニヤアゴ、皆様《みなさん》上の方を向ひて鼻の穴を広く開けて、祖母さんの様にクン、クン、ク、ク、ク、ク、下手、下手、もう一度、クン、クン、クン、クン、上手々々」

「祖母さん嗅ぎ様のお稽古はどんな時に益《やく》にたつの」

「嗅ぎ様かへ、明日食べ様と思つてお魚の置て有る処を嗅ぎ」

「泥坊猫の様ですねゑ」

「ニヤアゴ、そんな事ばつかりでは無ひの、猫の食べて好ひ物か悪ひ物かを嗅ぎわけ、正真《ほんとう》のお母さんかお父さんか兄弟か従兄弟同志かを嗅ぎ分けるの」

会話形式である以上、この物語も猫の擬人化は免れない。かつ猫のおばあさんが子猫にものを教えたり、猫が英語を話したり、猫の領分を超えた擬人化も入り込んではいる。しかし、江戸の猫物語のような、活劇を演じたりはせず、あくまで猫の猫としての愛らしさを強調する内容になっている。戸川はクリスチャンであり、おそらく西洋の猫の童話に触発されてこの作品をつくったものと思われるが、こうした従来の日本になかった愛らしい猫の描き方に新鮮味を覚え、強く魅かれた子どもたちも多かったのではないかと考えられる。

●漱石の『吾輩は猫である』

このような、近世的な勧善懲悪や過度の擬人化からの自立という流れの延長線上に、夏目漱石の名作『吾輩は猫である』（大蔵書店・服部書店、一九〇五〜〇七年。以下同書は『猫』と略す）が登場する。猫が一人称で語るという形式を採っているという意味で、この作品もまた擬人化であることは免れえない。しかしこの程度の擬人化なくしては猫を主人公に小説を描くことはほとんど困難であり、したがって、それは最小限必要な擬人化であるといってよい。思考し文章を作るという点を除けば、猫は猫としての存在のままで描かれ、人間さながらの活劇を演じるわけではなく、また化け猫・怪猫のイメージを付与されるわけでもなく、普通の猫が普通の猫のままで主人公になりうる時代が到来したのである。これ以前にも猫を猫として描いた作品が全く存在しないわけではないが、しかし漱石の『猫』の大ヒットは、その後それが演劇などのさまざまなメディアに変換され、またパロディ作品まで多く生むなど、世の中に圧倒的な影響を与えた。その意味で、「猫を猫として描く」小説が、完全にポピュラーなものとなった記念碑的作品という意味で、文学における「猫の近代」誕生のメルクマールだと言えるのである。

そして、猫が猫のままで描かれるというのは、単に物語だけではなく、猫絵の世界においても起こっていた。以下次節において、このことを説明していきたい。

2　絵画における「猫の近代」の成立

●国芳の猫絵の特色

江戸時代の浮世絵において、猫は美人画などによく描かれたが、そこでは猫はあくまで美人の添え物、つまり脇役として描かれるのみであった。そうした添え物として描かれる猫の絵にも、もちろん猫のかわいさが描き込まれている。特にその場合、主役の人間の行いとはまるで関わりないことに関心を持っている様子が、滑稽さの入り混じったかわいらしさを醸し出していた。その意味で猫のかわいさは脇役ゆえのかわいらしさであった。

そうしたなかで、主役としての猫を登場させたという意味において、歌川国芳《うたがわくによし》が果たした役割はきわめて大きい。だが、国芳の猫の描き方を見ると、主役とはいえ、その多くは擬人化された猫であることも指摘できる。歌舞伎役者の似顔を猫の顔で描いたり、まるで人間のように行動する猫であったり、いずれも猫を人（あるいはその変形としての妖怪）になぞらえたものである。つまり猫を描いているようでいて、実は人間を描いているものが大多数ということになる。

もちろん、猫のみを描いた作品も存在する。たとえば有名な「猫飼好五十三疋《みようかいこうごじゆうさんびき》」や「猫の当て字」（図6）などがそれに当たる。しかし、前章でも触れたように、これらの絵の主眼は猫そのものよりは、猫を使って面白い趣向を表現する点にこそあった。人々もその意匠の面白さにこそ喝采を送ったのである。このことは、猫のかわいらしさの表現の相違にも影響してくるが、そのことは後述する。

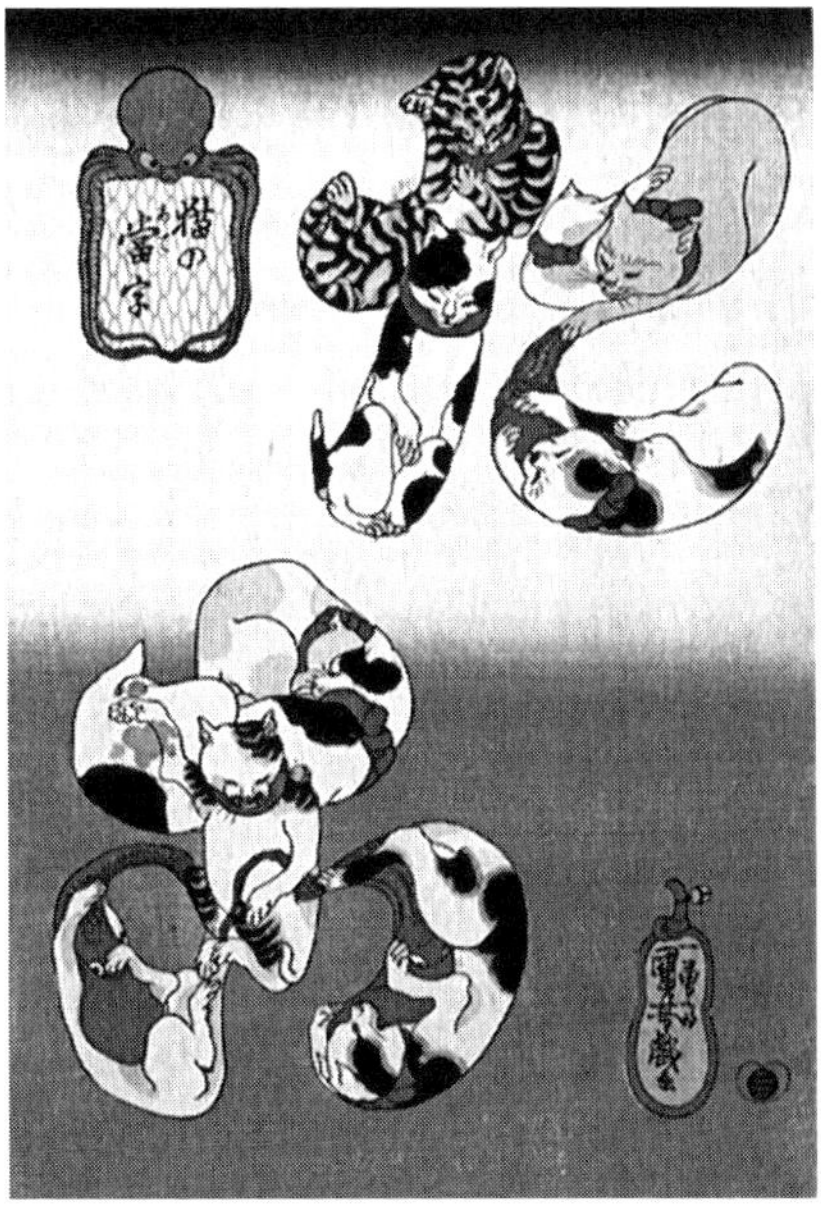

6＝歌川国芳「猫の当て字」

7＝初代歌川広重「名所江戸百景　浅草田圃酉の町詣」（安政4年〈1857〉）（国会図書館デジタルコレクション）

国芳以外の江戸の猫絵としてしばしば取り上げられる初代歌川広重《ひろしげ》「名所江戸百景　浅草《あさくさ》田圃《たんぼ》酉《とり》の町詣《まちもうで》」（図7）はどうだろうか。これは一見猫を主題としたもののように見えるが、熊手型の簪《かんざし》など、舞台が吉原《よしわら》の遊女屋であることが当時の人々にはすぐわかるように描かれている。つまり、外を眺める猫の姿には、遊女の哀愁が重ね合わされているのであり、猫にそれを象徴させて描いているところにこそ、その意趣があった。猫を描いているだけではなく、そこに人間社会の悲哀を重ね合わせて感じさせる絵だからこそ、この絵は今日まで名画としての評価を得てきたのである。その意味でこの絵もまた、猫を描いているようでいて、人間社会を描いたものなのである。

●江戸猫の「かわいさ」とはなにか

そして江戸の猫の絵には、「かわいさ」の表現の仕方にも、実は後のものとは相違がある。国芳に代表される江戸の猫の浮世絵を現代の「かわい

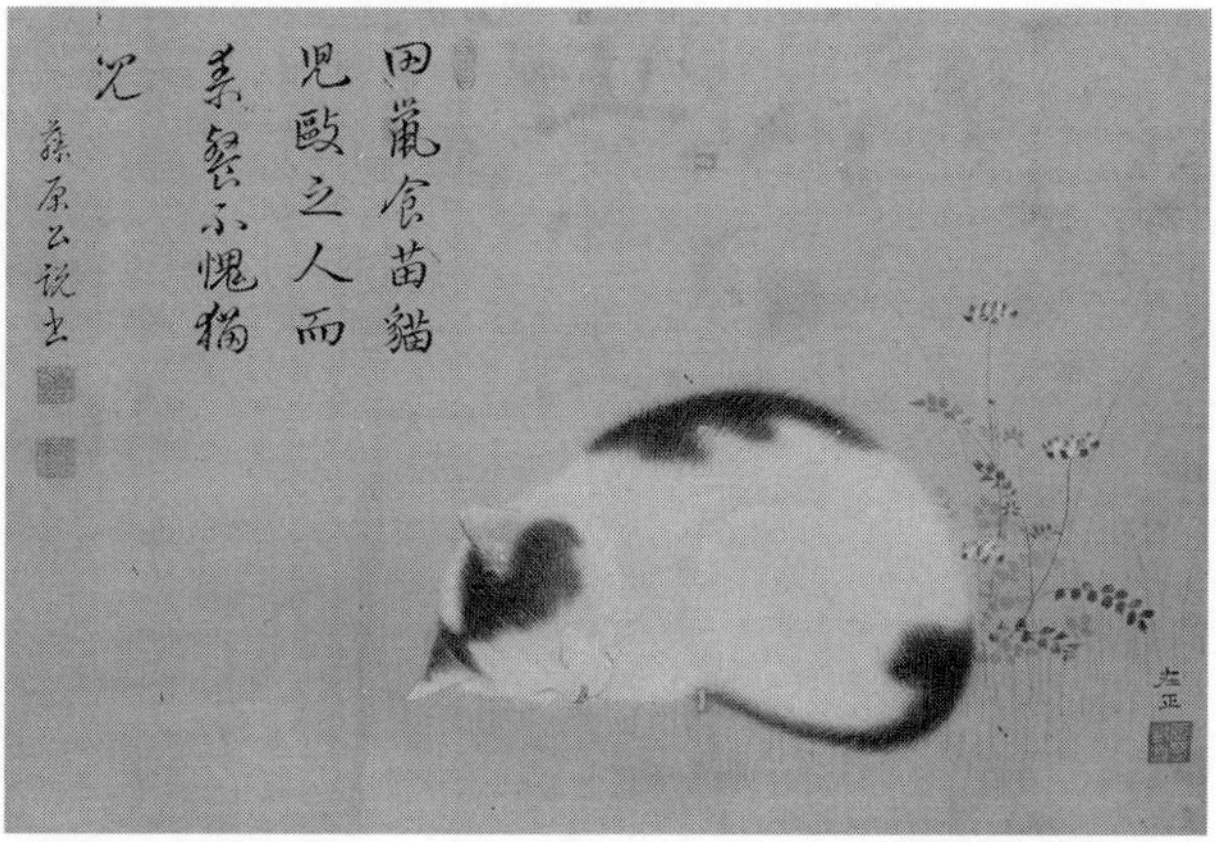

8＝原在正「睡猫図」（大阪市立美術館蔵）

い」猫の絵の先駆として評価しようとする向きもある。たしかに国芳が描いた猫に、現代の多くの人々も「かわいさ」を感じるであろうことは間違いない。だが、著者は、その「かわいさ」の内実は、明治末期以降ポピュラリティを獲得するようになっていく猫のかわいさとは、趣の異なる部分があると考える。つまり、国芳の作品など、当時人気を博した多くの作品に表現されている「かわいさ」は、ある種滑稽味のあるかわいさや、邪気を含むがゆえのかわいさであって、近代以降見られるような、静かで邪気のないかわいらしさと直接結びつけることはできない。そのことは前述した、猫を使って国芳が描こうとしたものが、猫そのものの魅力というよりも、猫を使った面白さ・滑稽さであったということと関係する。

実は、江戸時代であっても、原在正《はらざいせい》の「睡猫図」（図8）のように、近代的な「かわいさ」に近い、滑稽味を持たない、静態的でおとなしく無邪気な「かわいさ」を持つ猫の絵も、少数ながら存在する。だがこれなどは江戸から明治初期の猫の絵としては例外的なものである。なお、この原在正の「睡猫図」は、円山応挙《まるやまおうきょ》の「睡猫図」と瓜二つの描き方であり、おそらく中国画を模したものであろう。他方、日本の文脈のなかで描かれた浮世絵には、動きのある、滑稽味あふれた猫や、邪気あるかわいらしさを示す猫が多い。

ちなみに、前章で触れた歌川広重「百猫《ひゃくびょう》画《が》譜《ふ》」は、擬人化でも添え物でも滑稽さが趣旨でもない、猫の動きその

9＝葛飾北斎が描いた犬と猫（『三体画譜』）

ものがテーマとなっているが、これは元来作品として製作されたものでなく、絵手本集として描かれたものであり、だからこそ自然な模写が行われたものであると考えられる。逆に言えば、猫の自然な生態を描いただけでは、猫の絵はポピュラリティを得にくかった。猫の絵に限らず、江戸の絵画は、過去の作品のオマージュであったり、語呂合わせや面白さといった意匠の部分を楽しむものであった。猫の絵に関して言えば、猫のかわいさそのものを絵画の中に求める層は少なく、当時の多くの人々が猫の絵に求めていたのは、何より滑稽味や面白さなのであった。

●江戸の猫はなぜ痩せているか

ほかにも、江戸の猫の絵の特徴としていくつか指摘できる点がある。たとえば、江戸時代の猫の体型の描き方にも、骨ばった猫と丸っぽい猫の二通りがあったが、近代以降の猫が、丸っぽく描かれることが多いのに対して、江戸時代、特に浮世絵のなかの猫は痩せた体型で描かれているものの方が多い。これは当時の猫が痩せていたことを反映しているのかといえば、必ずしもそうではないようだ。面白さ、滑稽さを示す猫の「動き」を示すには、痩せ型の方が適していたということが一つの要因であったように思える。国芳の猫には骨ばった猫が多いと同時に動きのある構図が多い。一方、前述した広重の「浅草田圃酉の町詣」の猫は丸っぽいが、これは動きのない構図である。実際、猫は箱座り（広重の絵にあるような前足をたたんで置物のように座る座り方）をすると丸っぽく膨れて見える。

また、猫と犬とでは、表情の描き方が書き分けられていることも目につく。たとえば、葛飾北斎《かつしかほくさい》が絵手本集『三体画譜』（図9）で描いた犬は、動きのある構図でも身体は丸々と描かれており、また表情がおっとりとしたかわいらしい描き方となっている。他方、その隣に描かれた猫は、痩せ型で、身体のくねりがよくわかる描き方である。図9のものはそれでもまだ、同時代の猫の絵のなかではおっとりと描かれている部類に属するが、『北斎漫画』（図10）に

10＝葛飾北斎が描いた猫（『北斎漫画』）

11＝円山応挙が描いた猫と犬（「群獣図屏風」宮内庁三の丸尚蔵館蔵）

描かれた猫は（ネズミを咥えているシーンであることもあり）もっとおどろおどろしい。また、円山応挙が描いた猫も、例えば「猫見鼠之図両欲執之図」や「菜花遊猫図」（ただし応挙の作ではないという説もある）の猫の表情などに見られるように、目つきが鋭く描かれている。同じ応挙の「群獣図屛風」（図11）は、同じ絵のなかにさまざまな動物が描かれたものだが、犬は子犬ばかりでなく親犬も、丸くクリクリとした目のおっとりした雰囲気に描かれているのに対し、猫は意図的にそれと異なる表情で描かれている。こうした明確な描き分けは、北斎や応挙、さらに言えば当時世間の多くの人々の、犬と猫に対するイメージが反映されたものであろう。

表情に関して言えば、江戸から明治の猫の絵では、現代の猫の絵では決して描かれないような瞳孔の細い（あるいは丸くても小さい）猫が多い。また浮世絵などでサイズ的に瞳孔がはっきり描けない場合には、目そのものが切れ長に描かれていることが多い。犬やウサギをはじめ、他の動物の瞳が丸々と描かれているものが多いことを考えると、猫の特徴は瞳孔の細さにこそあると考えられていたこともわかる。現実の猫は、常に瞳孔が細いわけではない。特に、最近の猫の絵で猫をかわいらしく描こうとする際に、瞳孔を細く描くことはほとんどなく、むしろ瞳孔を大きく丸く描くのが普通である。しかし当時の猫の絵の多くは、邪気のある、場合によっては怖さを含む、瞳孔の細い目が多い。国芳の猫の絵の「かわいさ」に話を戻して言えば、国芳が描いた猫をもし「かわいい」と呼ぶにしても、その「かわいさ」の種類は、例えば応挙の描いた犬の持つ「かわいさ」と明らかに違う種類のものであった。

このことは、国芳の猫絵が、必ずしも「猫」そのものが受けて売れたわけではない、という状況と関わっているだろう。逆に言えば、応挙や北斎が、面白さなどの意匠を加えずに丸々とかわいらしい表情の犬を多く描いたことは、そうした犬のかわいらしさを嗜む一定の層が存在したこと、逆に猫にはそうした受容者層が存在しなかったことを示している。猫には化け猫とか表裏ある狡い生き物とかいうイメージがつきまとっていたのに対し、犬には化け猫に相当するようなイメージはなく、また狡いイメージもない。絵師たちが、猫を描く際に、邪気を含んだ、動きのあるか

12 ＝歌川国芳「見立東海道五拾三次　岡部　猫石の由来」（部分）（東京都江戸東京博物館蔵，Image: 東京都歴史文化財団イメージアーカイブ）

わいらしさを主題に出したのは、こうした猫イメージを反映してのことであった。

猫好きの作家として知られる大《お》佛《さらぎ》次郎《じろう》はのちに、江戸期の日本人が「猫を美しいと見る目を持たなかった」ことを示す例として絵画を挙げ、「日光の「睡り猫」だって形の悪いブチ猫だし、浮世絵の歌麿、春信などが美人の裾に添えてたわむれさせている猫でも、姿かたちも拙く、顔は化け猫でも見るように醜い。あれだけ、人間の女体の美しさを見極めた画工たちが、猫については可憐さ美しさを見落としているか、描きそこなっている。これは、明らかに、あまり猫を可愛がっていなかったと言うことだ」と述べているが（大佛次郎「客間の虎」『猫のいる日々』徳間文庫、二〇一四年）、それも以上見たような猫の描き方と、後世の「かわいい」猫を愛でる人々の感覚の相違を反映していると言うことができる。前述した、猫の多くが「添え物」「擬人化」で描かれているということも、そうした状況と深く関係しているように思われる。要するに、猫は滑稽味や擬人化、あるいは美人の添え物という形で「付加価値」を付けられなくては、多くの人に受け入れられることができなかったのである。国芳はこうした邪気と、滑稽味を混ぜ合わせることで、独特の付加価値を絵に込めることに成功したがゆえに、多くの作品をヒットさせることができたのである。

●「猫のおもちゃ絵」の大ブーム

さて、江戸後期に、邪気や滑稽さという付加価値を求められていた猫の絵はその後、どうなっていくのか。明治期の猫の絵を語る上では、国芳などの猫の浮世絵の延長線上に展開された「猫のおもちゃ絵」に触れないわけにはいかない。「おもちゃ絵」とは江戸後期から近代にかけてさかんに製作・出版された、千代紙風の図鑑的な絵である。切り抜いて立体化可能なものをはじめ、子どもが楽しみながら眺めるものだったこのおもちゃ絵には、さまざまな題材のものが存在するが、特に明治になって、猫を題材としたものが多く作成されている。

猫を描いた明治のおもちゃ絵も、国芳一門に連なる人の作品が多いが、国芳の門下ではない人々や、名前の入っていないおそらく若手の画家が作成したと思われるものも多く、その意味で猫のおもちゃ絵が人気の題材の一つであったことは間違いない。このおもちゃ絵に出てくる猫も、そのほとんどが擬人画であり、猫そのものの魅力というよりも、擬人化によって社会の風俗を描く面白さを売りにしており、その意味では国芳の絵の域を出ていない。しかし、そこには国芳の時代との大きな相違が一つある。明治期のおもちゃ絵のなかに、化け猫・怪猫を描いたものがほとんどないということである。

その理由は、おもちゃ絵というものが、子ども向けの教育目的を含んだものであったからであると考えられる。明治の新教育が普及するなかで、おもちゃ絵は、絵を通じて社会の仕組みを楽しみながら学べるようなものが主流になる。文明開化の時代の波に乗ったものであり、だからこそ多く売れたという側面があった。そして文明開化の時代においては、妖怪や幽霊といった、非合理的なものは否定の対象であった。落語家の三遊亭円朝が「怪談話しと申すは近来大きに廃《すた》りまして余り寄席で致す者も御坐《ござ》いません、と申すものは、幽霊と云ふものは無い、全く神経病だと云ふ事に成りましたから、怪談は開化先生方はお嫌ひ成被《なさる》事で御坐い升《ます》」（三遊亭円朝口述『真景累ケ淵』井上勝五郎、一八八八年）と述べているように、文明開化の立場から、怪異談が非合理的で根拠のないものと位置づけられるようになったのである。仮名垣魯文の発行していた雑誌『魯文珍報』のなかにも、化け猫を怖れるなんてことは「開けぬ昔の事で今や文明開化のトン〳〵拍子」（中坂まとき「奇々猫論」『魯文珍報』一六、一八七八年）という文章が見られる。化け猫の存在をリアルに信じ、それがゆえに猫を飼うことを忌避する人までいたような状況に対して、そうした猫イメージが刷新されはじめたのである。

もちろん実際には化け猫・怪猫話の類は、娯楽のなかには根強く残っていく。それこそ高度成長期まで、化け猫・怪猫を題材とした映画や小説、漫画などは作成され続けている。しかし、娯楽としては続いても、真実として信じる人々は少しずつ減っていった。知識人の書いた見聞録や随筆に、化け猫話が噂話として記録されることも明治期以降はなくなっていく。これは江戸と明治の化け猫・怪猫イメージの持つ大きな違いである。そして子ども向けの教育目的の出版物においては、こうした非合理的な要素の排除が最も顕著に進んでいき、新しい猫イメージを持つ人間を生み出していった。

●明治以降の猫絵の変化

以上の状況に加え、西洋画の技法や構図の影響が強くなってきたことも猫イメージの形成には影響を及ぼした。すなわち、従来とは異なる猫の描き方が次第に登場していく。まず目につく変化は、明治期に入り、体型のふっくらした猫が増えていく。また邪気を含むかわいさが、しだいに無邪気さへととってかわられていくのである。同時に、猫が、奇抜さや滑稽さを売りにするのではない、猫そのもののかわいらしさを描く形で描かれるようになっていく。例えば、一八七七年（明治一〇）に浮世絵師の小林清親《きよちか》によって描かれた「猫と提灯」（図13）などはそうした変化を象徴的に示す作品であろう。ここには技法において明確に西洋画の技法の影響がみられるが、それと同時に体型がふっくらとし、かつ、添え物でも擬人化でもない、また意匠の面白さをネタにするのでもない、猫そのものの姿態が主題化されている。ただし、猫の瞳孔の小ささは、江戸の猫の目の描き方からは少しやわらかくなっているとはいえ、まだその延長線上にある。後年のような丸く大きな瞳孔を持つ猫が一般的になるのには昭和期まで待たねばならない。

図14は明治前期のおもちゃ絵の一種で、歌川国利《くにとし》「しんぱんねこ

13＝小林清親「猫と提灯」（千葉市美術館蔵）

14＝歌川国利「しんぱんねこ尽」（個人蔵）

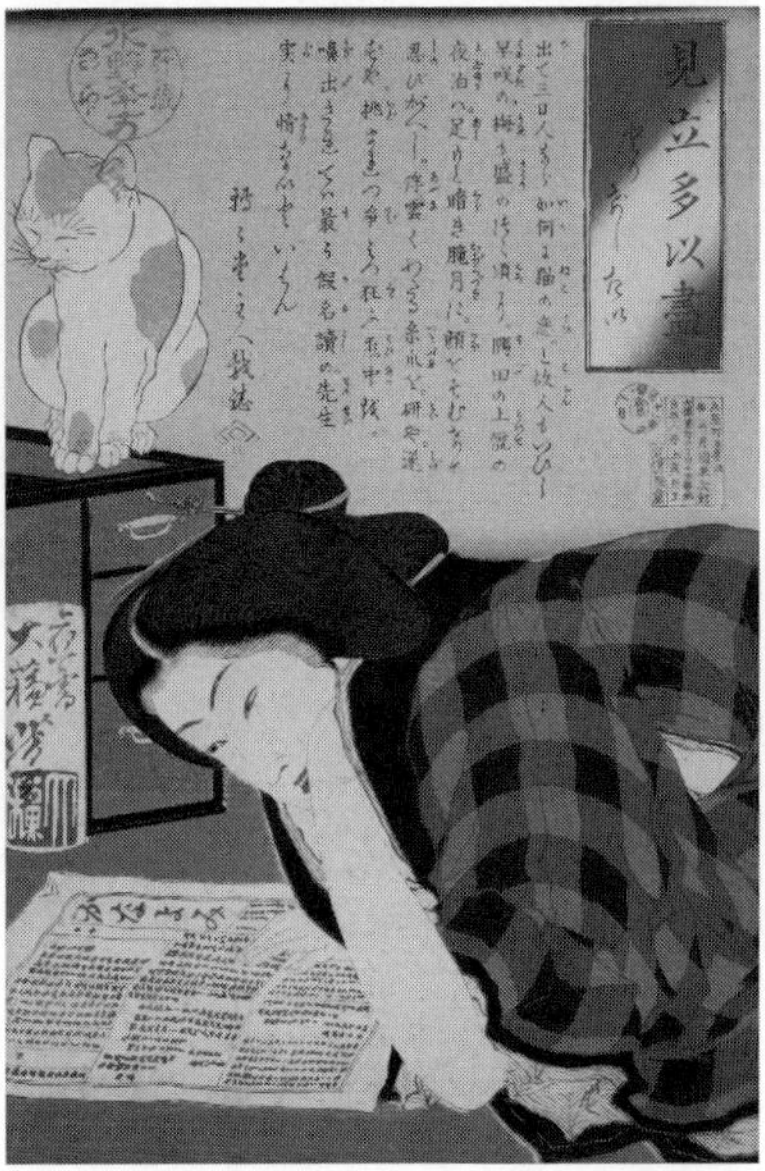

15＝月岡芳年「見立多以尽　とりけしたい」（国会図書館デジタルコレクション）

尽」であるが、これなどは猫のさまざまな姿が主題となっている。猫が主役であり、意匠の面白さのみを売りにしたものでもないが、ただし猫の顔の描き方は依然として近世のままである。月岡芳年《つきおかよしとし》が一八七八年に描いた「見立多以尽《みたてたいづくし》　とりけしたい」（図15）の左側に描かれた猫などは、猫だけを取り出せば、ふっくらとした体型、静態的な姿など、漱石の『猫』に描かれた橋口五葉《はしぐちごよう》の絵（後述）とかなり近い。しかし残念なことに、主役は女性であって、猫はあくまで「添え物」の域を出ていない。擬人化以外の手法で、猫が主役になることは、やはりまだ多くなかった。しかし、猫は着実に、猫そのものとして描かれるようになりつつあった。

●猫の猫としての主役化

そして、二〇世紀に入る頃から、猫は猫としてのままで、かつ独立して描かれることが多くなっていく。図16は一九〇二年に発行された『風俗画報』の表紙に描かれた絵である。この絵は、人間の添え物ではなく、擬人化でもなく、滑稽味を売りにしたものでもない。日本最初のグラフ誌と呼ばれ、当時流行の風俗を捉える雑誌の表紙を、猫「だけ」が飾るというのは画期的なことであった。まさに近代の猫の絵の誕生といってよい。

漱石の『猫』下編（大蔵書店・服部書店、一九〇七年）に描かれた橋口五葉の装丁（図17）は、こうした流れの末に登場してきたものであった。猫を中心に据え、左右にタンポポを配置するその構図は、猫を主役にしつつ、そのかわいさを静態的に描く、その後の「かわいい猫」像成立のメルクマールといってよい。同書上巻の装丁は擬人化された巨人猫の絵であったので、そうした意味でも、まさに擬人化から猫そのものへという変化を、漱石『猫』の装丁は象徴していたのだといえるだろう。

これ以降、大正・昭和期になるにつれ、静態的で、無邪気でおとなしい猫のイメージが、猫のかわいらしさを描く際の王道となっていく。図18が掲載された『吾輩の観たる亜米利加』は、漱石の『猫』の「吾輩」が渡米するという趣向のパロディ作品であるが、その表紙にはこのようなまさに近代的な「かわいらしさ」を体現する猫が描かれている。こうした方向性は、たとえば戦後の図19のように、高度成長期まで、近代の典型的な「かわいい猫」の描き方として続き、このような描き方は、さらにその後本書一五七頁掲載の雑誌の表紙のような写真の構図につながっていくことになる。

以上のように、猫が美人の「添え物」や擬人化・化け猫といった「付加価値」を持たずとも、猫としてのままで主役に描かれうる時代の到来、これが猫イメージにおける「近代」の誕生であった。漱石の『猫』は小説においても絵においても、それを象徴する作品であったのである。

●猫の地位向上は道半ば

しかし意外なことに、漱石の『猫』は、当時の猫好きから、必ずしも好意をもってのみ迎えられたわけではない。例えば、のちに日本最初の本格的な猫研究書を執筆することになる石田孫太郎は、「余輩は夏目氏が〔描いた猫が〕愛らしき猫とならずして、悪《にく》むべき猫となりて家庭の内秘を発《あば》きたるを恨む」として、漱石の描いた猫が自分の養われている家庭の秘密を暴き皮肉を交えて批評するような性格の悪い猫であったことを批判している（石田孫太郎「小猫を

18 = 『吾輩の観たる亜米利加』下巻表紙

19 = 『やさしいどうぶつ』（高橋書店，年代不明〈戦後〉）

16 = 『風俗画報』表紙

17 = 『吾輩は猫である』下編装丁（橋口五葉画）

迎ふ」『衛生新報』四七、一九〇八年)。漱石の『猫』は、猫を猫として主人公にした一方で、しかし本章の前半で紹介したような、近世以来の猫観とも全く無縁ではなかった。石田が「悪むべき猫」というように、猫が愛らしく描かれている部分はあまり見当たらない。また、猫の頭を殴るシーンがあったり、猫を煮て食べるという人物が出てきて「猫は旨う御座ります」と述べていたりもする(『猫』上巻第五)。化け猫・怪猫としてのイメージによる拘束から脱却しつつあったとはいえ、しかしそれでもなお、猫の狡猾なイメージや、猫を蔑む人々の考え方はなかなか消えてはいなかった。現実社会での猫イメージは、いまだ良いものではなかったのである。

ところが、ほどなくして、こうした猫の地位に革命的な転換が起こる。すなわち、それまで悪徳イメージで語られていた猫が、突如、国家から有用な存在として持ち上げられる時代がやってくることになるのである。

第三章 国家が起こした「猫ブーム」——猫の三日天下——

1 「猫畜」を飼え！の大号令

●ネズミを奪われた猫

人間ほどふてえ奴は世の中に居ねえぜ。人のとつた鼠を皆んな取り上げやがって交番へ持って行きあがる。交番じゃ誰が捕つたか分らねえから其《その》たんびに五銭宛《ずつ》くれるぢやねえか。うちの亭主なんか己《おれ》の御蔭でもう壱円五十銭位儲けて居やがる癖に、碌《ろく》なものを食せた事もありやしねえ。おい人間てものあ体の善い泥棒だぜ（『吾輩は猫である』上巻第二）

漱石の『猫』で、「車屋の黒」が主人公の「吾輩」に話す台詞である。猫が捕ったネズミを人間が奪い取るのは、伝染病（ペスト）予防のために、病気の媒介となるノミが寄生するネズミを、自治体が買い取っていたからである。漱石の住む東京市では一九〇〇年（明治三三）一月から、ネズミを一匹五銭で買い取り始めていた。

漱石『猫』の連載が雑誌『ホトトギス』誌上で始まった一九〇五年前後には、これで一儲けしようとネズミ捕りを職業とする人も現れ、人間が猫の職を奪い取ったとも言われた。一日五、六〇匹から四、五〇匹、少ない日でも三〇匹は捕れるので、一匹五銭の買い上げだと、一日最大三円近い収入になった（藪野椋鳥「鼠捕り」『文芸倶楽部』一九〇八年一〇月号）。当時の日雇い労働者の賃金が一日五三銭程度であったので（週刊朝日編『値段の明治・大正・昭和風俗史』上、朝日文庫、一九八七年）、その三〜五倍の収入があったことになる。

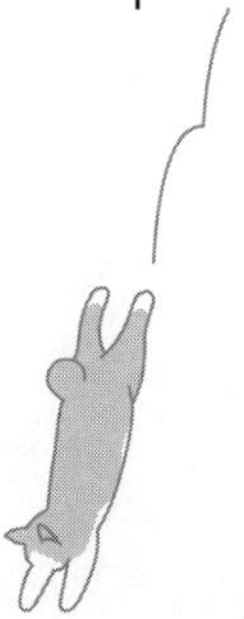

日本では一八九九年以降、大正期にかけて散発的にペストの流行が起きているが、八割以上の高い致死率もあって、その蔓延は深刻な脅威であった。特に大阪・神戸・東京・横浜など人口密度の高い大都市での流行は深刻であった。冒頭に引いた「車屋の黒」は、ネズミを奪われたと嘆いていたが、しかし、ほどなく、ネズミを捕る猫はペスト対策に有用であるとされ、ネズミ駆除対策を理由とする「猫ブーム」が発生し、猫は一転してもてはやされるようになる。

●猫の有効性に関する論争

伝染病対策に猫を活用しようという意見は、一九〇〇年（明治三三）前後から少しずつ唱えられ始めており、一九〇六年一二月、神奈川県防疫顧問会議で、ペスト対策のために猫の飼育を奨励することを可決するなど、猫飼育奨励の動きが一部の地域で始まっていた（「猫と鼠」『東京朝日』一九〇六年一二月一一日）。しかし、それは局地的なもので、すぐに全国レベルには広まらなかった。というのは、これと相反する説が唱えられていたからである。つまり、猫もまたペストの媒介となるノミを宿し、またペスト菌を保有するネズミを食べれば感染源となる可能性があるので、猫は駆除すべきだという、猫撲滅説が存在したのである。

例えば、福沢諭吉の経営する『時事新報』はこうした意見の急先鋒であった。同紙の記者で、福沢諭吉の義弟にあたる絵師・今泉一瓢《いつぴよう》は「ペストは猫に伝染しないと云ふ説が、確かならば結構だが、先《ま》づ今の処《ところ》では猫に伝染すると云ふ説の方が、多い様であるから、飼猫も野猫も夫々《それぞれ》処分を付けねばなりませぬ」としてむしろ猫を駆除することを主張している。ただし「撲殺と云ふ事は実に残酷な行為であつて、決して文明国では、行はる可《べ》き方法でない。〔中略〕今差当り浅草の新谷町《しんたにまち》辺の人に頼んでも宜いから〔中略〕高価で売れるものは売り、望み人のない犬猫は、公衆の目に触れない場所で撲殺して、其皮を利用するがよからう」と提案していた（今泉秀太郎『一瓢雑話』誠之堂、一九〇一年)。浅草の新谷町とは製革業者の集まる地域である。撲殺を「残酷」で「文明国」にあるまじきとしながら、公衆の目に触れない場所で撲殺して利用せよとする末段の論理などは、彼らの言う「文明」なるものの質をよく示しているといえよう。

●コッホの意見

このようななかで、猫有用論が優勢となるきっかけとなったのは、細菌学の確立者として当時から著名であったドイツの学者ロベルト・コッホの来日であった。ドイツに留学してコッホに学んだ経験を持つ北里柴三郎が、一九〇八年(明治四一)六月、師を日本に招いたのである。その際、北里は、日本におけるペスト対策について教えを乞うた。これに対しコッホは、ネズミのような繁殖力の大きい動物に、薬品等の人為的方法で対処しても、労力と費用がかかるばかりで効果は薄い、それよりは猫による駆除が効果的だ、として、猫の飼育を義務付けて警察官に検査させること、懸賞など種々の方法で猫の飼育を奨励すること、ネズミ捕りの上手な猫を輸入・繁殖させること、猫の市場を作るなどして猫の飼育や品種改良を奨励すること、ペストが流行する地域に寄港する船には、船のトン数に応じて必ず一定数の猫を乗せること、建築の法令でネズミの生息する屋根裏などに猫の出入り口を設けるよう義務付けることなどを提案したのであった(北里柴三郎「「ペスト」病予防に関するコッホ氏の意見」『中外医事新報』六八二、一九〇八年)。

●ブキャナンの論文

コッホは決して思い付きで猫飼育奨励を唱えたのではなかった。実はコッホ来日の少し前、一九〇七年に、イギリス人医師でインドに駐在していたアンドリュー・ブキャナンが、論文で猫のペスト対策の有用性を主張していた。すなわち、インドにおいて、猫の少ない地域にペストが流行し、猫の多い地域ではペストの流行が発生しにくいという事実を統計的に明らかにし、猫飼育の有用性を説いたのである（Andrew Buchanan “Cats as Plague Preventers”, *The Indian Medical Gazette*, 42-10, 1907）。この論文は、欧米医学界に強い影響を与えた。コッホの学説もそうした欧米医学界の流れを受けたものであった。

なお、かつて主張されたように、確かに猫がペストに罹患する事例はあった。しかし、ネズミに寄生するノミ、猫に寄生するノミ、人に寄生するノミはそれぞれ種類が違っており、ペストを媒介し人間に対して感染力が高いノミは家住性ネズミに寄生する種類であった。もちろん、そのノミも猫に寄生することが全くないわけではないのだが、ネズミに比べればそのリスクは格段に低く、流行前から猫を飼育してネズミの数を減らしておけば、発生した際にも媒介となるネズミがそもそも少なくなっているため、拡散を抑制する効果があるのは間違いないと考えられた。猫の飼育奨励が本格的に呼びかけられることになった。

コッホというビッグネームの意見であったために、猫飼育奨励論は各種メディアを通じて拡散され、行政にも影響を及ぼす。「コッホ博士が渡来され、ペストに関する猫の談話をされてから、猫は豪《えら》い勢力が出て来た、警視庁では猫の戸口調査を始めるやら、又猫に就《つい》ての研究会が起るやら、猫の全盛時代となつた」（「英国に於ける猫の権勢」『読売』一九〇八年八月二五日）といわれるように、猫飼育奨励の一大ムーブメントが巻き起こるのである。

●猫の研究と飼育奨励

コッホの意見を受け、内務省では猫とペストとの関係について詳細な研究に着手した。国立伝染病研究所で、宮島幹之助《みきのすけ》が主任となり、どのような猫がネズミ捕りに長けているかを調べ、また猫の訓練法を研究し、有用な猫を交配する方針で、群馬・茨城・栃木・福島・宮城・青森・山梨などの養蚕地から猫数百匹を、またすでにペスト予防のために猫飼育を行っていたインドから猫数十匹を集めた（「伝染病研究所の猫研究」『東京朝日』一九〇八年八月二七日）。その後同年一二月に、内務省中央衛生会で飼猫奨励の決議がなされると、一九〇九年一月に内務省は各府県に対し「猫畜の飼養を奨励し以て鼠族を駆除」せよとの通牒を発し、なるべく猫の種類を選んで広く飼育させ、また寄港する船舶にもトン数に応じて相当数の猫を飼育させるなど、普及の方法を講じるよう命じた（『防疫之栞』警眼社、一九一二年）。

これを受け、二月六日には警視庁と東京府が、ペスト予防のために、各家庭であまねく「猫畜」を飼育するように、との告諭を発する（「猫畜飼養に関する告諭」『婦人衛生雑誌』二三二、一九〇九年）。さらに東京市内では東京市から各区長へ、さらに各区長から各衛生組合に「組合内一般居住者ニ対シ飼猫ノ必要ヲ感得セシムル様御勧誘相成度」（一九〇九年二月一九日竹早衛生組合長宛東京市小石川区長通牒、文京ふるさと歴史館所蔵）との通牒が出され、地域の末端にまで猫飼育の奨励が行き渡るように求められた。そしてこの告諭の実行を期すため、警察が各家を一軒一軒まわって、猫の飼育を説いてまわることになった（「一事が万事」『読売』一九〇九年二月九日）。

●諷刺の材料として

こうした動きに対し、警察官が各戸を説いてまわるなど、「世界文明国の列に入りたりと自称せる日本の政府が、一独逸人《ドイツ》に教へられて俄に《にわか》『猫が鼠を捕る』ことを国民に訓諭するが如き、些か《いささ》滑稽の感なきか」、これは日本人の西洋崇拝と研究心のなさの表れではないか、と批判的に論じる者もいた（前掲「一事が万事」）。内務省や警視庁の告諭は、「猫」と呼ぶべきところを、わざわざ普段使われない「猫畜」の語を用いていたが、それもそうした滑稽さを政府・警察自らが感じ、あえて権威ばった言葉を使ったものであったろう。しかし、今日と異なり、強い威圧的態度で民衆に圧迫的に接するのが常であった当時の警察が、猫の飼育などを説いてまわる様子は、むしろこうした威厳を備えようとすればするほど、国民からは滑稽に見え、新聞・雑誌に多くのネタを提供することになった。例えばある新聞では警察が各戸を訪問して猫の飼育数を調査する様子が次のように描かれている。

「頼むゥ」と佩剣《はいけん》をがちやつかせて威光《いかめ》しい巡査がヌーと玄関口に立つ、

「オヤ巡査様《おまわりさん》だよ」と〔訪問された家の主人は〕脱いだ肩を〔服に〕入れ〔て身だしなみを整え〕ながら飛んで出る
「お前処《おはんとこ》には猫が居つか」

「エー猫と申しますと？」

「ニヤーンと鳴く猫ン事ぢや」

「ヘイ、其猫が如何《どう》致しましたので」

「解らん〔奴だ〕ネ、お前処に猫を飼つて居つかちふ事ぢや」

「飼つて居りましたら税でも徴らうと仰有《おつしや》るので…？」

「否《ああ》ンそげえ事ぢやなか飼つちよるなら本年何歳で毛色は何か、原籍は何処か無籍の猫を無届で置ては不可《いかん》」


最後の原籍・無籍云々は、猫に戸籍があるはずもないので、人間の戸口調査になぞらえたパロディであり、また警官が鹿児島弁で話しているのは、当時警察官に薩摩藩出身者が多かったことを反映している。まさか猫を飼っているかどうかを警察が調べるとは思っていない家の主人は、あわてて服装を正して応対し、税金でも徴収されるのかとおそれている。同様に訪問を受けた他の家では、「自家《うち》のミイがお隣の錦魚を喫《と》つたから夫で巡査さんが縛りに来たのだ」と邪推したり、あるいは「政府で三味線の専売をやるのだらう」などと冷評する者もいたという。こんなこともあって、当初は警察の調べに対し猫を飼っていることを隠蔽しようとするものが多かったという（「猫の戸口調査」『東京朝日』一九〇八年八月一二日）。このほかにも、「お前の家には真個《ほんとう》の猫が居るか」と警察が芸妓屋で尋ねた（芸者も「猫」と呼ばれていたためそれと区別するため「真個」とわざわざつけた）とか、そのうち猫の強制飼育命令が出るのではないかという噂が出回ったりもしたという（「猫の数」『文芸倶楽部』一九〇八年九月号）。

20＝「白駒氏飼猫奨励法」（『東京パック』5-4, 1909年2月）

●猫の全盛時代

諷刺漫画家として著名な北沢楽天が創刊した『東京パック』は、この政府による飼猫奨励を諷刺して、「白駒《パック》氏飼猫奨励法」と次のような飼猫メダル制度による奨励策を掲載している（図20）。そこには、

（一）飼猫一頭につきメダル一個と公民権とを与ふ、
（二）メダル五個あれば衆議院議員選挙権を得、
（三）而して全国の鉄道は凡《すべ》て半賃とす、
（四）斯《かく》て船頭も猫を飼ひ車夫も猫を飼ひ、
（五）社近火の時は猫を第一に運び、
（六）家に依ると主人は毎朝先《ま》づ猫に挨拶し、
（七）辻小便しても巡査はメダルを見て黙て行く

という奨励策が提案されている。世相を諷刺したもので、あくまで冗談ではあるが、警察の権威のもとでいかに猫が大事にされていたかを窺うことができよう。「昨日まで破れ三味線の皮と厄介視されてゐた猫」が「図らずコ〔ッホ〕博士の辱知を賜はつてこのかた、新聞紙の為には称賛され、飼主の為めには、チヤホヤされ、〔中略〕今は温かなる友禅の座布団に眠り、ゆたかに胡蝶の夢に遊ぶ、当世の好寵

児」（神田紫芳「猫の全盛」『文芸俱楽部』一九〇八年一〇月号）となったのである。それまで、道徳的に劣るとか、化ける・祟るなどと散々に貶められてきた猫の飼育を、他ならぬ官憲が奨励するに至ったのであるから、猫の地位における革命的な転回であった。かつては「犬公方」今は「猫総監」だなどという軽口が叩かれたり（前掲「猫の数」）、「これから犬公方様とやらの時のやうに、猫を殺す奴は、死罪にでもなるやうにお触れが出やうも知れませんのう」と噂されるなど、まさに「猫の全盛」時代が到来したのであった（前掲神田紫芳「猫の全盛」）。

●猫価格の騰貴

猫の調査や飼育奨励は東京以外の各地でも行われた。横浜では、市内各町で猫が生まれた時には一匹につき五〇銭ずつの飼育手当を衛生組合より下付するとともに、その子猫は組合内の希望者に分与することとし、猫を飼育している家庭にはペスト予防消毒を行う際に天井の羽目板を外さないでも構わないという特典を与えて（この特典がない場合、ネズミ駆除のため羽目板を外して消毒をしなければならず、手間がかかった）、猫飼育を奨励した（「横浜の飼猫奨励」『東京朝日』一九〇九年六月二六日）。飼育手当の交付数は一一月までで三〇〇〇匹分にのぼったという（「横浜市の猫」『読売』一九〇九年一一月六日）。三重県では、六ヵ月以上飼育した猫一匹につきくじの抽選券一枚を与え、一年に二回抽選を実施、一等賞として金七円、二等賞として金三円を与えることとした（「飼猫奨励に関する件（三重県）」東京都公文書館所蔵『各種会議』、府明I明四二―〇〇六）。兵庫県では警察が各戸をまわり、余っている猫を貰い集めて、猫のいない家庭に分配するという方策を採った。しかし、にわかに興った猫ブームにより、猫の値段が騰貴したため、みな口実を設けて無償で警察に渡すことをいやがり、なかなか猫が集まらず、逃足の早い猫を、警察官が毛だらけになりながら捕まえようとするという滑稽なシーンもたびたび見られたという（「猫貰ひの困難」『大阪朝日』一九〇八年一〇月二五日朝刊）。

このような状況のなか、猫の値は一匹五円、一〇円と騰貴していき、東京では飼猫販売所ができて大繁盛した。販売所は最初浅草区千束町《せんぞく》一丁目に、次いで本所区松倉町二丁目にその支店ができた。店主の老婆によれば毛並みと性質によって値段が異なり、毛並みは真黒と純白が一番高価で、また性質はチョコ、トコ、ヘコ、ネコの四種類、春に生まれた子は蝶を捕る癖があるのでチョコ、夏の子は鶏を狙うのでトコ、ヘコは夏から秋にかけての出産で蛇を狙い、冬の子はネズミを捕るのでネコなのだといい、この冬の猫が一番高価であった。新聞は「以前は猫児を他へ遣《や》るには鰹節《かつおぶし》を添へたものだが今は金を出して買ふ時節になりしも面白し」と報じている（「飼猫販売所」『東京朝日』一九〇八年九月二二日）。

●猫の需要増加

面白いのは、現在と異なり、子猫の方が値段が安いということである。成猫が一匹五～一〇円であるのに対し、子猫は二～三円であったという。すぐにネズミを捕る親猫の方が需要があったのである。遺伝的に三毛の雄猫はめったに生まれないため相場は一匹一〇〇円、赤猫は霊気性に富み運動能力が優れていてネズミを捕るのに適しているとされて六〇～七〇円の値がついたが、他に「尾の短い胴の詰つた髭の長い丸々した奴、実用向よりも寧《むし》ろ愛玩用」に人気があったという。また「暹羅《シャム》猫は体鼠色にしてスラリト細く足亦長し眼は青く光て炯々《けいけい》人を射る是《これ》ぞ世界第一等の猫種値亦数百円」とある（「三面時事」『読売』一九〇八年八月一八日）。ネズミ捕りだけでなく、丸々とかわいい猫や、シャム猫など、見た目を選ぶ基準にしていた人も多かったことがわかる。

なお、特にネズミ駆除の必要性の高い地域（養蚕地帯など）では、明治初期から売り買いの市が立っていたりもした。たとえば「野鼠繁殖して農産物の被害甚しきより飼猫の必要を来し親猫一頭三円五十銭、児猫二十銭に騰《のぼ》るは美濃安八郡牧村辺」（「猫価」『東京朝日』一八九八年七月一〇日）というように、猫の値段が高騰した場合など時折新聞で報じられている。しかし右の一八九八年（明治三一）に騰貴したとされる値段と比べても、一九〇八年の東京での値段は、これよりさらに親猫で二〜三倍、子猫に至っては一〇倍以上になっていることがわかる（物価統計によれば、この一〇年間の物価指数の上昇率は一・三倍程度にすぎない）。この時の猫人気の高まりがよくわかる。

ただし、地方では猫の値段はさほどの騰貴は見られなかったようである。一九〇九年六月の尾張一宮の「猫の市」では一番よくネズミを捕る新造猫（若い雌）が一円内外、爺猫や婆猫はかろうじて三〇〜四〇銭であると報じられている（「猫の市」『東京朝日』一九〇九年六月四日）。東京に比べるとかなり安く、したがって地方でこうした猫を仕入れ都会で売りさばく業者も存在していたようである。また都会では猫泥棒も横行し、「彼方や此方で「内のミイがゐなく成つた」とか「金ちやんが行方不明だ」とか云ふことを聞く。これはコツホ博士の猫有用論以来無暗《むやみ》に猫を飼ふものが多く三味線の皮が払底してゐるので盛んに泥棒を働くのだ相《そう》な」と報じられている（「動物界消息」『東京朝日』一九〇九年三月一五日）。

●猫の輸入

海外からの猫の輸入も行われた。新聞では、猫飼育奨励の影響で、一九〇八年（明治四一）末から〇九年初頭にドイツから五〇匹の猫が輸入され、さらに近日中に実に一万五〇〇〇匹の猫が輸入されることになっていると報道されている（「独逸より猫の輸入」『読売』一九〇九年一月二八日）。また、警視庁は、当時日本領となっていた樺太の豊原《とよはら》（現ユジノサハリンスク）から猫を取り寄せ、一九〇九年八月二八日に四匹が到着した。樺太では「ロスキー猫」と呼ばれており、ネズミを捕らえることに巧みな種類であったという。「樺太猫は頗《すこぶ》る敏捷《びんしょう》で日本の猫の様に寒がらないのみか如何《どん》な逃足の早い鼠でも逃さぬと称されて居る」「芝警察署内の細菌検査所で先づ捕鼠試験を行つた処《ところ》成績頗る良好であつたから尚ほ続々注文するそうであるが形は内地産の猫より少しく大きく容貌は温順」とされている（「捕鼠の上手な猫来る」『読売』一九〇九年八月三一日）（図21）。このほか、役所が直接猫を養殖した地域もあった。山形県では「各地

21＝樺太から輸入された猫（『写真タイムス』8，1909年）

より良種の猫を購入し荘内《しょうない》、村山、置賜《おきたま》三区域に各一ヶ所の猫本部を設け其所に沢山の猫を繁殖せしめ県民に配与せんとす県庁内には猫司令部を置き衛生課主任之が司令官たること云ふ迄もなし」と報じられている（「猫本部猫司令」『読売』一九〇九年一月二三日）。

●猫の飼育数調査

前述したように、警視庁は飼育奨励に先立って、東京府下の猫の飼育数調査を戸別訪問方式で行っていたが、その結果は一九〇九年八月に発表され、各新聞・雑誌に掲載された。その数値は掲載紙誌により若干の違いがあるが、概ね表22の通りとなる（「府下飼養の猫」『統計学雑誌』二六九、一九〇八年）。

この調査は警察が各家を訪ねて聞いたり、歩きまわって目視したりしてデータを集めたもので、かつ「飼養」されていた猫の数であるため野良猫は対象外であった。したがって、仮に餌付けされていても、「野良猫」であると回答者が考えていれば飼い猫としてカウントされず、また目視の場合にも多くの見逃しがあったと考えられる。したがって、当時各新聞で「之は実数ではない少くとも五万は居ることであらう」（石田孫太郎「猫の研究」『時事新報』一九〇八年一二月七日）、「野良猫其他無籍猫をも仔細に点検せば此倍数以上は有る可し」（「猫六万頭」『東京朝日』一九〇八年八月二〇日）とされており、実際の数はこれよりもっと多かったようである。

22 ＝猫飼育統計

	戸数	飼養戸数	飼養猫数	雌	雄	居住人口	飼養戸数の割合	1匹あたり戸数	1匹あたり人口	雌／雄
（市内）										
麹町区	16,949	810	958	477	481	73,071	4.78 %	17.69	76.27	0.99
神田区	48,985	2,117	2,550	1,298	1,252	153,346	4.32 %	19.21	60.14	1.04
日本橋区	24,577	1,808	2,036	992	1,044	151,873	7.36 %	12.07	74.59	0.95
京橋区	52,607	1,429	1,621	835	786	207,939	2.72 %	32.45	128.28	1.06
芝区	36,952	1,988	2,245	1,133	1,112	176,290	5.38 %	16.46	78.53	1.02
麻布区	18,932	822	981	460	521	81,616	4.34 %	19.3	83.2	0.88
赤坂区	17,565	775	843	422	420	74,590	4.41 %	20.84	88.48	1
四谷区	19,030	718	816	405	411	72,026	3.77 %	23.32	88.27	0.99
牛込区	28,656	1,181	1,440	691	749	98,631	4.12 %	19.9	68.49	0.92
小石川区	27,427	1,042	1,235	608	627	102,668	3.80 %	22.21	83.13	0.97
本郷区	35,734	1,187	1,359	687	672	153,277	3.32 %	26.29	112.79	1.02
下谷区	54,153	1,396	1,644	853	791	197,236	2.58 %	32.94	119.97	1.08
浅草区	57,843	2,648	3,005	1,488	1,517	306,821	4.58 %	19.25	102.1	0.98
深川区	38,057	1,396	1,557	799	758	150,285	3.67 %	24.44	96.52	1.05
本所区	45,091	1,987	2,347	1,246	1,101	186,410	4.41 %	19.21	79.42	1.13
市内計	522,558	21,304	24,637	12,394	12,242	2,186,079	4.08 %	21.21	88.73	1.01
（郡部）										
荏原郡	23,686	2,967	3,446	1,809	1,637	133,769	12.53 %	6.87	38.82	1.11
豊多摩郡	23,916	2,894	3,254	1,770	1,484	125,772	12.10 %	7.35	38.65	1.19
北豊島郡	21,696	3,892	4,221	2,308	1,915	186,444	17.94 %	5.14	44.17	1.21
南足立郡	18,489	3,014	3,270	1,838	1,432	51,729	16.30 %	5.65	15.82	1.28
南葛飾郡	13,113	2,616	3,073	1,656	1,417	102,150	19.95 %	4.27	33.24	1.17
北多摩郡	14,457	8,378	9,462	5,786	3,676	101,767	57.95 %	1.53	10.76	1.57
南多摩郡	16,155	7,510	8,801	4,924	3,877	104,018	46.49 %	1.84	11.82	1.27
西多摩郡	12,624	5,190	5,620	2,808	2,812	81,309	41.11 %	2.25	14.47	1
郡部計	144,136	36,461	41,147	22,899	18,250	886,958	25.30 %	3.5	21.56	1.25
東京総計	666,694	57,765	65,784	35,293	30,492	3,073,637	8.66 %	10.13	46.7	1.16

注：基本データは「府下飼養の猫」（『統計学雑誌』269，1908年）による．ただし計算が合わない箇所があるため，他の新聞・雑誌掲載の数値を参考に，著者自身による計算を交えて一部修正を施した．

またこの数値を見ると、細かな区や郡ごとの違いはあるけれども、全体的に、郡部の方が市部よりも、人口・戸数当たりの猫の数が多いことが指摘できる。東京で最も戸数比で猫の数が多い日本橋区が一二戸に一匹の割合、人口比で最も多い神田区が六〇人に一匹の割合であるのに対し、郡部で最も多い北多摩郡では一・五戸に一匹、人口一〇人に一匹の割合となっている。全体で見ても、市部では二一戸に一匹、八八人に一匹の割合であるのに対し、郡部では三・五戸に一匹、二一人に一匹の割合である。当時一般に農村の方が養蚕その他のネズミ対策の必要があり、猫を飼育している家庭が多かったと言われるが、数値もそれと合致している。ただし、都会の方が、飼い猫と野良猫の中間的な存在や調査漏れの数も多かったのではないかと思われるので、実際の猫数の差はもう少し縮まる可能性もある。

また興味深いのが、雌と雄の比率で、市部ではおおむね一対一の比率に近い地域が多いのに対し、郡部では雌を多く飼育しており、特に北多摩郡で雌が雄の一・五倍になっていることが注目される。また北多摩・西多摩・南多摩の各郡は、人口比でも戸数比でも猫の数のトップスリーを占めている。多摩、特に北多摩地域は水田に恵まれない地域も多く、養蚕がさかんに行われ農家の貴重な現金収入源となっていた。そのためこの地域ではネズミ対策で猫を飼う人が多く、また雌の比率が特に高いのも、子を産む雌が好まれたのであろうと考えられる。

猫の飼育数調査は東京以外でも行われており、大阪では市内の雄猫一万一九二匹、雌猫一万一四一四匹、郡部の雄猫一万六〇二六匹、雌猫二万二四五〇匹とされている（平岩米吉「猫の珍しい記録」『動物文学』一六九、一九六六年）。横浜市では親猫子猫を併せると一万二二三九匹となり、これを戸数で割ると平均五戸につき一匹となると報じられている（前掲「横浜市の猫」）。

都会より農村部、特に養蚕地域で飼育数が多いのは全国に共通した傾向で、国内で最も猫の飼育割合が高いのは福島・長崎・山形の三県で、約二戸に一匹の割合で飼育がされていた。逆に最も少ないのは下関で、東京・神戸・大阪等がこれに次ぎ、いずれも一〇戸につき一匹以下の飼育率であった。国立伝染病研究所でペスト駆除のための猫研究をしていた宮島幹之助は、農村では従前からネズミ対策の必要性が強かったのに対し、農産物を守るわけではない都会ではそうした必要性はより低いために玩弄物扱いされることが多く、その差がこの数値に表れていると分析している（宮島幹之助『動物と人生』南山堂、一九三六年）。

2 「猫イラズ」と猫捕り

●「猫イラズ」の登場

ペスト対策の官製「猫ブーム」は、ほどなく熱度を失っていくことになる。ペスト流行が少しずつ収まっていくことも背景にはあるが、一番の理由はネズミを薬殺する方法が広まっていったからである。すなわち、猫に代わって、一世を風靡したのが「猫イラズ」であった。名前の通り、猫がいらなくなるほどにネズミを駆除できる、という触込みの殺鼠剤で、広告では、猫を「免職」、ネズミ捕り器を「ハライモノ」と描いたものが使われている（図23）。

23 =「猫イラズ」広告（『読売新聞』1912年11月14日）
猫に「免職」ネズミ捕りに「ハライモノ」と書かれている.

一九二一年（大正一〇）に猫の言葉になぞらえて書かれた文章でも、「「猫いらず」という鼠捕り薬が売れ出して来てから、私は皆様に可愛がられなくなった様におもひいます」という台詞が見える（「私は猫でございます」『農業世界』一六―一五、一九二一年）。広告の通り、猫はネズミ捕りの主役としての地位を「免職」になったのである。

殺鼠剤は誤用も多く危険であること

から、一八七二年（明治五）に砒素を使用したものが禁止され、また七七年三月には燐製の殺鼠剤が禁止されるなど、規制が非常に厳しかった。しかし伝染病の流行のなか、一九一二年五月の内務省令によって、黄燐殺鼠剤の規制が緩められ、「猫イラズ」が各地の小売店で売られるようになる（岩藤章「「猫いらず」自殺に就て」『警察協会雑誌』二七二、一九二三年）。「猫メッ」「ラットリン」など類似商品も存在したが、ネーミングの巧さともあいまって「猫イラズ」の売り上げは他を凌駕し、殺鼠剤の代名詞的な存在となった。そして警察は、猫の飼育を呼びかけるかわりに、各戸を訪問して殺鼠剤を配布するようになる（生方敏郎『明治大正見聞史』中央公論社、一九七八年）。

●「猫自殺」の横行

大正から昭和にかけての新聞には、「猫自殺」「猫心中」というような見出しがしばしば見られる。もちろんこれは猫が自殺したり心中したりしたのではなく、殺鼠剤を使った自殺のことを指している。主原料の黄燐は猛毒として知られ、一〇グラム入りの「猫イラズ」一個で成人一〇人分を超える致死量を有していたという。伝染病予防の観点から簡易な手続きでの販売が可能となったものの、安全措置が十分であったわけではなかった。したがって、「猫イラズ」はネズミだけでなく人も殺した。

一九一八年（大正七）に九州でこの「猫イラズ」を用いて人を殺そうとする事件が起こったことが世間に影響を与え、翌一九一九年の「猫自殺」は男性一一、女性一九と、併せて三〇人にのぼった。その報道を見た者がまた模倣するために、一九二〇年には男性七八、女性八九、合計一六七人、二一年には男性一六二、女性二〇一の合計三六三人、二二年には男性一九七、女性二六一の合計四五八人と、加速度的にその数は増えていった（前掲岩藤章「「猫いらず」自殺に就て」）。

こうした「猫自殺」流行などの弊害が多いことから、この薬剤を禁止すべきではないかという意見も見られるようになり、一九二三年二月一日、帝国議会で「殺鼠剤（猫イラズ）発売取締ニ関スル質問」が議員吉良元夫によって内閣に提出された（賛成議員三一名）。吉良は質問主意書において「猫イラズなる薬剤は頗《すこぶ》る猛烈なる毒物を含有せる殺鼠剤にして、之に依り斃《へい》死《し》せる鼠を食して猫の斃死すること頗る多く、愛猫家は其の愛猫の斃死に対し真に多大の悲哀を催すものあり、斯《かく》の如き悪性質なる薬剤を社会に於て公然発売せしむるは大に動物愛護の精神に背反せるを覚ゆ、断然之か発売を禁止するは人類の徳義なりと思料せざるや如何」と述べている（国立公文書館所蔵『公文雑纂』大正一二年、第一六巻、帝国議会六・答弁書）。つまり猫イラズは人間のみならず、猫をも大量に殺していたのである。

猫が殺鼠剤で死んだからといって報道されることはほとんどないため、その実態は詳しくはわからないが、政治評論家の阿部真之助は、戦時中疎開した農村で目撃したこととして、沢山の猫が殺鼠剤を誤食して死に、場合によってはネズミが生き残って村中の猫が死に絶えるような場合もあったと述べている。阿部は、野良猫を見ると可哀想で片っ端から飼ってしまうというほどの猫好きであったため、もともと蚕をネズミから守るために飼い始めたはずなのに、「村の人は、野鼠が殖えると、その番人（猫）まで併殺して意に介しない。これは少なくとも忘恩的、非人道的といわなければならない」と憤慨している（阿部真之助「猫のアパート」『文芸春秋』一九五一年一二月号）。こうした状態は戦後まで続いていて、殺鼠剤のために「この地では春になると必ずねずみ退治のため田や畑に毒だんごを入れ（中略）近所の猫は勿論村中殆んどの猫の死を聞かされる」（片山茂穂「猫の死」金崎肇編『悲しみの猫』日本猫愛好会、一九七三年）、「〔殺鼠剤で〕飼い犬や飼い猫が、ぞくぞく死んで、大困り」（若月俊一『健康な村』岩波書店、一九五三年）というようなことが農村では多かったようである。

もともとネズミ捕りが目的で猫を飼育した場合、別の手段ができれば、猫などどうでもよくなる人が多数いたということである。ただし、これは地方によって相違があったようで、民俗学者の早川孝太郎は、昭和期に入って養蚕が衰微した後も、戸数とほぼ同数の猫が部落に住んでいることも多く、茶碗一個にも事欠くような貧しい家でも三味線の皮として売るでもなく、「人生の伴侶」として猫を飼育していると述べている（早川孝太郎「猫を繞る問題一二」『旅と伝説』一〇—一〇、一九三七年）。猫が死んでも意に介さないという人々がいる一方で、猫そのものに愛着を感じ、必要がなくなってからも飼い続ける人々もいた。また、殺鼠剤を子どもが誤飲する事故も各地で起こっており、この誤飲を避けるために殺鼠剤よりあえて猫を選ぶ例も（とりわけ都会では）多かった（佐藤近次「猫を飼ふ話」『星座』一—二、一九四六年）。

●「猫イラズ」流行の背景

国家による猫飼育奨励が短期間で終わり、殺鼠剤に取って代わられた背景には、猫飼育を奨励したコッホが計算に入れていない、日本独自の事情もあった。すなわち、西洋家屋と日本家屋の違いである。

西洋風の家屋ならば、殆んど何の心配もありませんが、所謂《いわゆる》木と紙で出来て居て、内には畳といふものを敷いて、素足或は足袋で歩き、又人が座わる処になつて居るのでありますから、外を歩き廻つて来た猫が、その足で同じく歩き廻る。何が著《つ》くか分かつたものでありません。〔中略〕「ペスト」予防撲滅と云ふ点に於きましても、猫は決して鼠を戸外だけで食ふものではありません。外で捕へたものは大抵家の内に持つて来て、座敷中玩具にしまはつて後食ふものであります。健康な鼠でも腸管などの出掛つたものを畳の上に曳《ひき》ずられてはたまりません、況《いわん》や若《も》しそれが「ペスト」に罹《かか》つてゐる鼠でもあつたならば、それこそ危険至極で、「ペスト」予防どころではない。それで合理的の最も自然的の「ペスト」予防策も、現在の日本家屋に於ては一寸考物《ちよつとかんがえもの》であらうと思はれます。（「飼猫に就て」『婦人衛生雑誌』一九一六年）

実は、「猫は不潔なる土間を歩行《ある》き、其泥足で室内へ上るものですから、衛生を重んずる人は決して飼ふ可《べ》きものではありません」（加良田健康「通俗衛生画話（三）」『読売』一九〇二年一一月九日）として猫飼育に反対する人は早くから存在していた。この筆者は、ネズミが三銭なら、猫は三〇銭ぐらいで買い上げるべきだとまで主張している。コッホの説が一世を風靡した際にも、「西洋室のやうな床ならば差支も無いけれど、日本のやうに、畳を敷いて坐るやうに出来て居る家では、猫を飼ふに甚だ不適当である、〔中略〕梅雨の頃などは、丸で猫の足跡の掃除で、人一人附いて居なければならぬ」「猫は鼠を〔中略〕必ず半殺にして、手玉にとり乍《なが》ら、家中を騒ぎ廻るものである、若し之れが仮にペスト菌の有る鼠としたならば如何《いかが》であらう」と、コッホ説に反対する人も少数ながら存在していた（戸山亀太郎「猫の実利と危険」『読売』一九〇八年八月二九日）。ただ、コッホというビッグネームの学説に圧倒され、その時点ではこうした反対論はほとんど顧慮されることはなかった。しかしその後、実際に猫を飼ってみた結果、こうした猫の「不潔さ」に閉口した人が相当に多く出たのである。

●不衛生な猫

もちろん、国家の推奨などなくても猫を飼う猫好きであれば、この程度は我慢したり、あるいは猫の上がる場所を制限するなどの手段で対処しうるであろう。しかし、衛生という目的のために猫を飼う場合には、こうした猫の性質は我慢ならないものとなる。つまり衛生のための猫の普及であったゆえに、衛生的観点から否定されることになったのである。

なお前引したコッホ説に対する反対の意見には、併せてサナダムシの害も挙げられており、当時の猫に寄生虫が多かったことがわかる。「日本の鼠には非常に条虫《さなだむし》が多い、其れが為めに猫も条虫に罹るのが少くない、鼠を沢山捕る猫ほどこの危険がある、而《し》かも其の条虫は一種特別で、其の一節々々が切れて、室の隅などに落ちて、蠕《うごめ》いて〔中略〕甚だ気持ち悪い、潔癖家は殊《こと》に之を嫌がるであらう」と実感を込めて語っている。このほか、猫の糞についても、「此等は多く椽下《えんのした》に於て排泄さるゝのであるから、衛生上から観るも随分考ふ可き問題ではあるまいか」とされている（前掲戸山亀太郎「猫の実利と危険」）。

●猫のトイレをつくっても

軒下で排泄するのがダメなら、猫のトイレを作ってあげればいいのではないかとの考えを抱いた読者もいるだろう。箱に砂を入れて猫用のトイレをつくることは江戸以前から行われ、それは「ふんし」と呼ばれたりしていた。谷崎潤一郎の小説『猫と庄造と二人のをんな』のなかに、次のような描写が出てくる。

庄造に云はせると、此の猫は決して粗匆《そそう》をしない、用をする時は必ずフンシへ這入《はい》ると云ふ。いかにもその点は感心だけれど、戸外にゐてもわざ〳〵フンシへ這入るために戻つて来ると云ふ調子なので、フンシが非常に臭くなつて、その悪臭が家中に充満するのである。おまけに臀《しり》の端へ砂を着けたまゝ歩き廻るので、畳がいつもザラ〳〵になる。雨の日などは臭が一層強く籠つてむツとするところへ持つて来て、おもてのぬかるみを歩いたまゝで上つて来るから、猫の脚あとが此処彼処に点々とする。（『猫と庄造と二人のをんな』創元社、一九三七年）

谷崎自身猫好きであったから、これは実体験に基づくものであったろう。「猫を飼つてゐながら、畳が汚れるとか、襖《ふすま》が破れるとか、柱に爪の傷がつくとか云つて神経に病む様では、本当に猫を飼ふ資格はないのである」「猫を飼ふ以上多少座敷の汚れることは、ある程度まで我慢せねばならぬ」（小西民治「猫の飼ひ方」『猫の研究』一、一九三五年）とある猫好きが語るように、当時において猫を飼うということは、こうした不潔さにも目をつぶらねばならないということを意味していた。

●猫嫌いの理由

画家の藤田嗣治《つぐはる》は「日本には猫を知らないで、猫嫌ひの人が多いやうである」と随筆のなかで述べ（藤田嗣治「女と猫」前掲『猫の研究』二)、同じく画家の木村荘八も「人は十人に六人猫を厭《きら》う」と書いている(木村荘八「猫」『木村荘八全集』第五巻、講談社、一九八二年、原本一九二一年)。木村の言う六人を差し引いた残りの四人も、全員が猫好きというわけではなく無関心の人も含まれたであろうから、猫好きは全体的には相当少数派であった。

猫を嫌がる人が多い理由には、「猫はつい先ごろまで全然飼ったことがない。その理由の一つは、猫は外へ出て泥足でまた上って来る、それが如何《いか》にも汚くて不衛生だからである」(内田清之助『猫の恋』東京出版、一九四六年)、「(猫は)糞痕狼藉、汚穢言ふべからず」(大畑裕『最新記事論説壱万題』修学堂書店、一九〇八年)といわれるように、猫の「不潔さ」も大きな理由であった。戦後になっても、高度成長期以後に至るまで、おしりをなめるから汚いとか、細菌を持っているとかいうような理由での猫嫌いは非常に多かった(立原あゆみ「愛の身がわりとして」『猫づくし』誠文堂新光社、一九七九年)。

24＝大佛次郎と愛猫(大佛次郎記念館蔵)
かつて猫を飼うことは，障子がボロボロになったり家の中を汚されたりすることを耐え忍ばなければならないことを意味していた.

それなら室内で飼えばいいではないか、と思われるかもしれないが、当時の開放的なつくりの日本家屋ではすべての出口を閉めておくのも大変であり、特に夏の暑い盛りなどには風通しが悪くなって苦痛であった。その上、春の猫の盛りの時期には、猫は外に出たがって手に負えなくなり、家の障子を激しく破いたりもする。まして避妊去勢手術の普及していなかった当時にあっては、盛りの時期に猫を外に出さないということはほとんど不可能であった。このほか、「どちらの御家庭でも猫のノミにはお困りのことと思ひます、猫の苦痛はさることながら、人間も大に悩まされます」（「猫のノミと敷物の褪色」『東京朝日』一九三四年八月二四日）と書かれているように、猫のノミも悩みの種であった。

●女の猫性と男の犬性

このことと絡んで、女性の猫嫌いに関する記事が多く見られるのも、この時期の特徴である。第一章でも触れたように、江戸時代以前から猫好きには女性が多いとする言説は間々見ることができる。猫と女性が一緒に描かれた絵画や写真は、男性と一緒に描かれたものよりもはるかに多く、また女性と猫とは性格的にも似たものであり、だからこそ女には猫好きが多いのだ、と言われたりもした。たとえば次のような言説はその極致というべきものであろう。

昔からして、犬は男の従物、猫は女の従物と称されて居る。〔中略〕犬と猫とを比較して見ると、其所には大なる本性的相違があつて〔中略〕男が犬を好み、女が猫を好むといふ所に、両者の異りたる点を表現して居る〔中略〕犬の剥《む》き出し的なるに反し、猫は寧《むし》ろ内秘的である。之れは男子の開放的に対する、女の秘密的と一致する〔中略〕〔猫が〕鼠を捕ふる時の如き、先《ま》づ物蔭に身を潜めて、篤《とく》と敵の容子《ようす》を見定め、或は敢て意を其の動物の上に加へ居らざるが如き様子に見せ掛けて、一挙して之れを襲ふ〔中略〕猫は驚くべき緻密にして且つ用意深きものとしなければならぬ。〔中略〕犬は頗る正直であるが、猫は勝れて狡獪《こうかい》である。即ち女は其の性の似て居るが為めに、よく猫を愛するとせば、女の性は当然狡獪であると云はなければならぬ。〔中略〕次に猫が贅沢性なること、及び逸楽性なることも、亦《ま》た女と一致して居る〔中略〕思へば世智辛《せちがら》き此の浮世に、男は皆な走狗となつて営々として働き、女は寵猫となつて堂上に楽まうとして居るのである、扨《さて》も多幸なる女よ、斯《か》くして天下が泰平であるならば、世の中に男と生れるほど、損な役廻りは無いのである。（酔学仙人『女の秘密』有名堂、一九一五年）

第一章でも紹介したような、猫に対するネガティブな見方と、女性に対するネガティブな見方を重ね合わせ、女は狡猾であるがゆえに同じように狡猾な猫を愛するのだと、偏見たっぷりに語っている。こうした猫と女性とをイメージ的に重ねあわせ、猫好きは女だと決めつける言説は非常に多かった。

●女性は猫好きか?

しかし、こうしたイメージが依然として横行する一方で、女性は猫が嫌いであるという証言や描写が、明治後期から昭和戦前期の随筆や小説に散見される。たとえば、文筆家の生方敏郎《うぶかたとしろう》も猫好きで、一九三四年(昭和九)までにおよそ一〇〇匹に近い子猫の貰い手を探したというほどの人物であったが、その猫探しの経験から、男性の方が女性よりはるかに猫好きが多いと結論している。すなわち、猫を貰ってくれないかと尋ねると、貰うと即答するのは男性で、女性は両親や夫に相談してから決定するのが普通であり、せっかく男性がもらってくれた猫を、妻が猫好きではないからと返してくることも多かったという(生方敏郎「猫」『文芸春秋』一九三四年二月号)。むろん、当時の家庭における男女の力関係も考えなければならず、飼いたくても夫の意見を聞くまで即答できない女性も多かったであろう。

とはいえ、生方以外にも「一般に西洋の女は猫を可愛がる傾向が強いやうだが、日本の女はあまり好まないやうである」(北条民雄「猫料理」『いのちの初夜』創元社、一九三六年)とする人は多く、単に力関係だけではない要因が働いていたようである。ジャーナリストの鈴木文史朗《ぶんしろう》が雑誌『新青年』に寄稿した小説「猫」にも、猫が嫌いという女性が出てきて「私は猫が嫌ひよ、じやら〳〵裾《すそ》のあたりへからみついたり、毛を台所やお座敷へ落したり、雨の日に泥足であがつて来たり、御馳走を盗んでは喰べ過ぎて反吐をはいたり」と語っている(鈴木文史朗「猫」『新青年』八―三、一九二七年)。小説とはいえ、こうした理由での猫嫌いの女性が多かったことは他の雑誌記事などからも窺え、実情を反映した描写であるとみて良い。

生方敏郎は、女性の猫嫌いの理由として、猫は家を傷つけ汚すことが多い、そして食べ物を盗む、子どもや赤ん坊を引っかいたり傷つけたりする、膝に乗って抜け毛を残したり、泥足で衣服を汚したりするが、これらはすべて家事を任される女性に負担がかかることだからだと述べている。男性にとって猫は、時々遊んでやったり、観察したりすれば済むだけのおもちゃだが、女性にとっては、猫は遊び相手だけでなく、世話をする手間がかかり、かつ家事の邪魔をし、食べ物を盗んで家計を圧迫する存在であったから、特に主婦にとっては、非常な負担だったというのである（前掲生方敏郎「猫」）。生方は自らが書いた小説のなかにも「あなたは猫が鼠を食ひ散らさうと、血で汚さうと、何もお構ひなさらないから、いいでせうが、私達は後始末が中々容易ぢやありませんもの」という妻の台詞を登場させているが、これも自己の見聞に基づく話であったろう（生方敏郎『哄笑微笑苦笑』大日本雄弁会、一九二六年）。

近世以前から、女性は家事・育児、男性は外で仕事という規範が全く存在しなかったわけではない。しかし江戸時代においては、一家総出で家業に従事し、また子育てに男性が関わることも多かった。家事や子育ては専ら女性が行うべきものとする観念は、明治以降、「良妻賢母」の理念とあいまって広められていくものである。また、江戸から明治まではある一定以上の階層であれば女中を抱えて家事の補助をしてもらうのが普通であった（そのため家に紛れ込んだ猫を女中が追い払う描写の出てくる書物も多い）。しかし、明治末から大正期にかけ、都市や郊外に「新中間層」が拡大、これらの家庭は家計規模がさほど大きくなく、使用人を抱えたとしても一人が限度であったため（しかも大正期以降は女中不足が深刻であった）、家庭の主婦は子育てに、料理にと、「良妻賢母」の役割を主体的に担うようになっていく。そうした主婦たちにとって、自らの労苦を増やす猫を飼うという選択肢は歓迎できないものであったのだと思われる。

昭和初期のある雑誌には、「特に文芸上に因縁のある人と中流以上の家庭婦人の間に、桁外れの愛猫家が多い」（鹿子木東郎「愛猫家への入門知識」『農業世界』三〇—一五、一九三五年）と書かれているが、ここで「中流以上」とされていることも、右の経緯を考えれば納得がいく。猫嫌いの女性の存在は、家庭での猫飼育にストップをかけることにも何がしか寄与し、前述した猫の「不潔さ」とあいまって、猫よりも殺鼠剤を、という流れを加速する一因となったであろう。

●猫捕りの横行

ところで、かつての官憲による猫飼育の奨励は、猫の数の増加に少しは寄与したのであろうか。これを窺える統計資料は存在しないが、一九二二年（大正一一）四月四日の『読売新聞』投書欄「猫飼べからず」と題する投書には次のように書かれている。ペスト対策に猫の飼育が推奨されても、猫の数はちっとも増えていない。それはなぜかといえば、猫を飼ってもいなくなってしまうからである。果たして「猫を飼つて飼ひ了《おお》せた人が幾人あるだろう」。いなくなるのは、猫を盗んで皮を剥ぐ人間と、猫皮を買い取って三味線を拵える者がいるからで、「是は疑ふべからざる事実だ」。こう述べた上でこの投稿者は、どうせ猫を飼っても盗られてしまうのだから、もう猫を飼うのはやめなさい、そして「猫の代りに内務省御許可済の至極安全な「猫入らず〔ママ〕」で鼠を退治なさい」と呼びかけている（「猫飼べからず」『読売』一九二二年四月四日）。猫飼育奨励から一〇年を経て、実感として猫が増えた様子が当時の人々に感じられなかったこと、その理由が「猫捕り」にあると考えられていたことがわかる。

「猫捕り」は明治から昭和戦後期に至るまで猫の飼い主が最も恐れる存在であった。戦前において、猫を捕まえて公共の場で皮を剥ぐ行為は取り締まりの対象であり、しばしば犯人逮捕の記事が新聞に出ている。猫飼育奨励が始まってほどない一九〇八年一二月には、警視庁太平町分署の後藤分署長の飼い猫が猫捕りにやられ、「署長は男泣きの涙をほろ〳〵と零《こぼ》しながら同町弘安寺に其死骸を葬つた」との報道があるが、記事によれば皮の値段は八〇銭で、一日の収入は一人三〇円前後にもなると報じられている（「小猫を盗む職業」『読売』一九〇八年一二月三・四日）。猫の捕り方は木天蓼《またたび》や雀を糸に結びつけて猫をおびき寄せる手法が多く、戦後多く使われる金属製の猫捕り籠は戦前にはほとんど使われていない。

従来の猫捕りは多くても数十匹レベルの容疑での逮捕であったが、官憲による猫飼育奨励の頃から、「近来猫泥棒流行す」（「猫泥棒」『読売』一九〇九年八月二八日）と報じられたように件数が増えるだけでなく、大規模なものが目につくようになっていく。一九一二年には、猫五〇〇匹以上を盗み皮を剥いだとして神田区・浅草区の男が逮捕（「猫五百匹の皮剥」『東京朝日』一九一二年一二月三一日）、一九二二年八月にも猫泥棒の大検挙があり、逮捕された千葉県君津郡在住の男およびその親分で下谷区竜泉寺町在住の男は、一万匹にものぼる猫を捕まえて関西方面に輸送したと報じられている（「猫泥棒の大検挙」『読売』一九二二年八月一三日）。また一九二五年八月には、前年九月から一年間で四〇〇〇匹を捕った埼玉県北埼玉郡の男が（「四千匹の猫泥棒市内を荒す」『東京朝日』一九二五年八月五日）、また一九二六年一月には、前年一〇月以来のわずか三ヵ月間に五〇〇〇匹もの猫を捕ったとされる北豊島郡三河島の男が逮捕されている。検挙した本所原庭警察署では、飼い主の女性が、殺された猫の毛皮を抱いて泣き崩れる姿も見られた（「夫より可愛いねこの皮抱いて警察に泣崩れる美人」『東京朝日』一九二六年一月二二日）。

●一九一二年頃の猫捕りの実態

一九一二年の雑誌に、この猫捕り業界の実態を描いた記事が出ている。それによれば、猫捕りの商売とするものには、「本職」と「もぐり」の二種類があり、本職は浅草光月町に一団をなしており、妻子を持つ者もいるが、大半はそれを職業とするもの同士で同居するか木賃宿《きちんやど》に住んでいたという。「本職」の人数は二〇人ほどであり、他方「もぐり」は三〇人程度、こちらは浅草区内のあちこちに住み、一戸を構えている者もあれば木賃宿にいる者もいるという。「本職」と「もぐり」の違いは、問屋との関係で、光月町に五軒、土手下に一軒ある問屋は、「本職」からでなければ買わない。「もぐり」から買ったことがわかれば、「本職」から命に関わるほどの暴行が制裁として加えられる。問屋が買い取る値段は皮を剥《は》ぐと八〇銭、剥いでいないものだと五五銭であったという。「もぐり」は問屋に売ることができないために「本職」に売るが、これは「本職」が問屋に売る値段の二割引きほどであった。
多くは猫を捕まえた後に公衆便所などで皮を剥いだので、公衆便所には通称「手術室」という隠語があった。猫を捕るときはインバネスか外套《がいとう》を着てちょっと紳士風にする。まず鳥屋に行って雀を買い、これをポケットに押し込める。そして雀の足に紐をつけて、猫を釣る。雀が羽をバタバタさせる音を聞いて猫が近づいてくるので、これを捕まえて懐に入れる。飼い猫であるから、外套で暖かくくるまれると猫はさほど暴れない。中にはゴロゴロ咽を鳴らすものまでいる。それをそのまま「手術室」に連れていくのである（カハ坊「犬猫泥棒」『文芸倶楽部』一九一二年三月号）。

●猫皮の値段

八〇銭という買い取り価格は問屋の買い取りで、三味線製造業者にはさらに高価で転売された。右の記事の一一年前「東京の三味線師が使用する猫の革は原価が一枚二円から三円で、一年間の仕入れ高は十万円に上るさうだ」（「滑稽金儲三策」『読売』一九〇一年九月一六日）とされており、一一年後の一九一二年時点の問屋の仕入れ値と比べても二倍以上の値段で業者にわたっていたことがわかる。おそらく一九一二年時点には業者にはもっと高値で売られていたであろう。

その後警察の取り締まり強化もあり、第一次大戦による物価騰貴ともあいまって、一九一九年頃には値段が大きく跳ね上がり、三味線皮の張替には工賃を含め八～一〇円かかるようになったと報じられている。それほど皮が高く売れるのであれば、なぜ養殖しないのかと考える向きもあろうが、一九一九年時点での飼育費用は一日六銭、三味線では四ヵ月のまだ乳の発達しないものが最良なので、三ヵ月の養育としても五円四〇銭かかる計算となり、工賃を加えると八円を超えてしまうため、採算に合わなかったとされている（「猫の飼料と三味線」『読売』一九一九年一〇月二日）。三味線の材料にする猫皮については、三味線製作職人の話でも「猫は矢張《やは》り若くて大切に育てられたのに限る。粗末に飼はれた猫の皮は瘡《きず》が多くて駄目」と述べられており、必然的に、猫捕りの手は大事に育てられている飼い猫や子猫に向かうことになった（「猫のゆくゑと三味線師の二十四時間」『アサヒグラフ』一九二六年三月二四日号）。

新聞報道では、数百、数千という数の猫を捕まえた人々が次々に逮捕されている。次章で触れるように、当時は一般人による猫に対する虐待行為も非常に多かった。猫の飼育を奨励したところで、すぐに数が減ってしまったであろうことは想像に難くない。猫がすぐに死んだりいなくなったりしてしまうのでは、ネズミ駆除にも「猫イラズ」を使うほうがよいと考える人も多かったであろう。「猫の天下」とまでいわれた「猫ブーム」は、こうして「三日天下」に終わったのである。

第四章 猫の地位向上と苦難――動物愛護と震災・戦争――

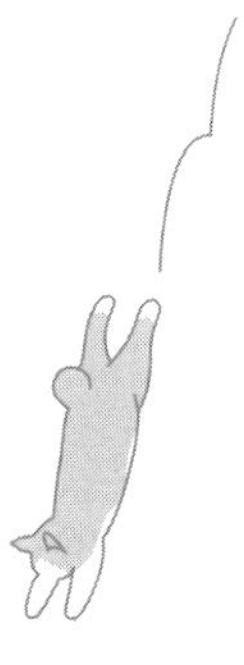

1 虐待と愛護のはざまで

●日本最初の愛猫団体の設立

国家による猫飼育の奨励はあまり効果を発しないまま終わった。しかしこの間、本章で見るように、猫の社会的存在感の向上を思わせる出来事も起きている。日本最初の愛猫団体誕生、日本最初のキャットショー開催、そして猫をタイトルとした新聞の発刊などである。

日本最初の愛猫団体は、前章で触れた猫飼育奨励のさなかに誕生した。発端となったのは、一九〇八年（明治四一）八月、四谷区伝馬町に住む書道家川島（河島）水香が提唱し、大枝市右衛門・橋都儀助ほか数名の賛同によって企画された「捕鼠競争会」にあった。これは、約二〇匹のネズミを一〇畳四方の檻《おり》の中に放ち、一番多くのネズミを捕らえた猫に賞を与える競技会で、月に二～三回開催して捕獲能力の高い猫を育成しようという趣旨で企画された。競技会のため、大枝は一貫二五〇匁（約四・七キロ）の大猫を二匹買い込み、橋都もまた埼玉県蕨町で猫婆さんとして有名であった吉田かつに頼んで三〇匹ほどの猫の飼育を依頼したと報じられている（「懸賞猫競争会」『東京朝日』一九〇八年八月一七日、「猫の競争会」『都新聞』一九〇八年八月一七日）。

その後、この競争会の主催母体として「東京愛猫会」が設立されたようである。「ようである」というのは、この会について触れた史料が少なく活動実態がよくわからないからである。橋都儀助がその後「東京愛猫会会長」の名で

25＝明治末期の猫の写真（渡辺銀太郎『動物写真画帖 家畜之巻』新橋堂，1911年）
これ以前は技術的制約から猫の写真は眠っている姿や座っている姿に限られたが，この頃からようやく動いている猫も撮ることができるようになった．

インタビューを受けた新聞の記事によれば、愛猫会設立のきっかけとなったのは、競争会発起人の川島水香が「東京市に於《お》いて月々撲殺さるゝ猫は一町三頭平均で、死体取片附人の手当が一頭に就《つ》き三十銭宛《ずつ》、其の不経済な費用ばかりでも余程大きな額になる」「〔家猫は〕五歳以上になると鼠を捕らない、一般の愛猫家は毛色の美なるを採つて醜きを取らぬので、宿なし猫となつて殺されて終《しま》ふのが常である」と、殺される猫の多さを問題視したことに始まるという（「猫の研究」『都新聞』一九〇八年八月二六日）。右の引用中「死体取片附人」等の語から考えるに、「撲殺」というのは野良猫の殺処分ではなく（そもそも猫飼育が奨励されていた当時において公的な殺処分はありえない）、猫を殴るような行為や、前章で触れた猫捕りなど、民間での虐待によるものを指していると思われる。

「子猫の割合に年をとつた猫を見る事が少ない」「犬でも猫でも小さい時分には愛するといふよりは寧《むし》ろ之を玩《もてあそ》びまして、さうして年をとると〔中略〕運命に放任して之を構はないで、或は飢ゑて死にましても、人に虐待せられても、一向無頓着である」（オードリー監督「動物に対する東西思想の異同」『あはれみ』一、一九〇四年）「〔東京の猫は〕不思議なことにはさして老猫の数が増しもせず〔中略〕若い猫ばかり多い」（柳田国男「どら猫観察記」『柳田国男全集』二四、ちくま文庫、一九九〇年、原本一九二六年）という状況は実際に存在した。そうした状況に異議を唱えたこの東京愛猫会が実際にどのような活動をし、いつまで続いたのかなど、詳細についてはわからないとはいえ、「愛猫」を標榜する団体が登場したことは、猫の歴史において画期的なことであった。

一九一〇年には石田孫太郎による著書『猫』（求光閣）が出版された。猫の生態や伝説をはじめ猫を多角的に捉えた、日本最初の総合的な猫本であった。当時小説以外では、猫を扱った書籍は皆無であり、この書物も当時はあまり売れなかったようだが、その後幾度か復刊され、現在も河出文庫で読むことができる。このような本の登場は、その直前に流行していた猫の飼育奨励なくしてはありえなかったであろう。

●日本最初のキャットショー

一九一三年（大正二）には日本最初のキャットショーも開かれた。ニコニコ倶楽部が主催した「にやあ〳〵展覧会」である。同倶楽部は実業家の牧野元次郎《まきのもとじろう》が会長を務め、平和円満な人との接し方を通じて平和円満な社会を実現しようという「ニコニコ主義」を唱えていた団体で、この展覧会は、会誌編輯に携わっていた阪井久良岐《さかいくらき》が、社交イベントとして企画・運営したものであった。主催者は猫そのものに興味があったというより、単に奇を衒《てら》ったものであったようであるが、しかしかつて仮名垣魯文《かながきろぶん》が開いた「珍猫博覧会」があくまで猫グッズの博覧会であったのに対し、この「にやあ〳〵展覧会」は、実物の猫を展示して順位を付けようというものであり、まぎれもなく日本最初のキャットショーであった。

この展覧会の賛成者のなかには、『吾輩は猫である』の夏目漱石や、小説『小猫』の作者村井弦斎《げんさい》、文芸雑誌『黒猫』を主宰していた役者の六代目尾上菊五郎《おのえきくごろう》、落語『猫久』を得意とした三代目柳家小《やなぎやこ》さん、猫をよく描いた画家島崎柳塢《しまざきりゅうう》、倉石松畝《くらいししょうほう》らも名を連ねていた。「一代の奇観、猫の競進会なり、世の愛猫家は、其美《うる》はしき動物の美を発揮せん為め、振つて御出猫下され度《たく》候」と新聞で参加者が一般に公募され、また前述の賛成者たちにも出展が求められた。夏目漱石は「実は御存じの猫はとうに墓に入り、鳥渡《ちよつと》出品する訳にも参らず、それから只今《ただいま》飼置候は真黒な泥棒猫にて過日皮膚病を病みイヤハヤの体たらくの上、此頃はサカリつき所々方々飛歩き候始末、席末を汚すの資格もなく、又捉《つか》まへて持つて参る事も六《む》ツ個敷《ずかしく》候」と断りの手紙を返している（阪井久良岐「にゃぁ〳〵展覧会前記」『ニコニコ』二六、一九一三年）。

●会場の様子と受賞猫

展覧会は一九一三年四月五日土曜日午後一時より上野公園精養軒で開催された。会費は猫を収納する箱代と立食代を含め一円五〇銭であった。会場内には、朝倉文夫作の塑像「病後の猫」をはじめ、竹内栖鳳《せいほう》、尾竹竹坡《ちくは》、倉石松畝、荒木十畝《じつぽ》、島崎柳塢らの猫の絵の掛物が陳列され、また出展された猫は箱に入れられて、上下二段に陳列された。当日は軍人や芸術家、都下のジャーナリストをはじめ、多数の来客があったという。

順位を決める審査員は企画者の阪井久良岐、上野動物園長黒川義太郎、ニコニコ倶楽部理事松永敏太郎、および東京の著名動物病院の獣医三名の合計六名で、各審査員が点数を記入し、その平均点数で一等から三等までの猫が選ばれた。一等は下谷区西黒門町鈴木彦太郎の飼い猫で雄の三毛「ミイ」が獲得した。三毛猫は遺伝的に通常雌しか生まれないため、雄の三毛は大変珍しかった。二等は麹町区三番町石塚正治の飼い猫で純白の雌「ユキ」で、日露戦争の旅順攻防戦で有名なステッセル将軍の飼い猫だったが、紆余曲折を経て石塚の飼い猫となったものだという。そして三等は麹町区一番町東古流生花教授竜湖園松渓《りゆうこえんしようけい》の飼い猫で、これまた雄の三毛である「タマ（玉吉）」が獲得した。雄の三毛二匹とステッセルの元飼い猫が入賞したように、珍しさや話題性が授賞の決め手になったようである。このほか、特別褒状が、芝区白金三光町真野蔵人の飼い猫で雄の「狆化猫」の「マル」に与えられた。「狆化猫」とはおそらく狆《ちん》のような見た目の長毛猫だったのであろう（当時日本では長毛猫は珍しかった）。一等の猫には鰹節切手（引換券）

五円分、二等には同三円分、三等へは二円分、特別褒状には一円分が与えられたほか、全出展猫に褒状とスルメ三枚が与えられた。

このほかこの展覧会を報じる新聞紙上では、小石川区久堅町《ひさかたまち》に住む畑たけという女性が、会の直前に出展予定だった愛猫「貞子」を何者かに殺されてしまい、仕方なく剥製にして持参したことが話題となっている。この猫は、たけがかつて北海道函館にいた時に、ロシア正教会の修道士ニコライから譲られたという煤色のロシア猫（今でいうロシアンブルーか）であった。剥製は実物とは似つかない怖い顔にされてしまっており、それを嘆き、「貞ちゃん貞ちゃん」と呼びながら亡き愛猫を思って涙を流す姿が来場者の同情を誘った。また、『やまと新聞』記者平野十瓶の愛猫で黒猫の「重平」が元気旺盛に暴れまわったことが話題となったほか、伯爵酒井忠興《ただおき》が愛猫ピヨを、また子爵内藤政光の飼い猫羽左衛門を従妹にあたる内藤操子が出展し、華族からの出展として話題になった。

このイベントが話題となって多数の人が集まり、華族からの出展まであったことは、猫を愛する人が増え一種の社会的勢力となりつつあったことを示している。しかしその一方で「猫を可愛がる女は概ね子供を生まぬと見え自分の出した猫の傍に寄つて人間に物言ふ如くチヤホヤして居たのは頗る奇観であつた」というような記事も見えており、動物を家族同様に大事にすると奇異の目で見られる状況であったことも窺える（「にゃん〳〵展覧会」『東京朝日』一九一三年四月六日）。

●最初の猫の新聞

一九一五年（大正四）一一月一五日には、文筆家の溝口白羊《みぞぐちはくよう》を主筆に据えた『犬猫新聞』が発行されている。「新聞」のタイトルを持ち版組も新聞に似せているが、宮武外骨編輯『袋雑誌』のうちに含まれたもので、日刊発行を目指してもいなかった。『袋雑誌』は、『犬猫新聞』のほかに『猥褻と法律』『廃物利用雑誌』などの面白メディアを集めた雑誌で、二号以降には『牛肉新聞』『ベランメー評論』『狂人研究雑誌』『反上抗官史』などの企画が予定されていた。発行元の天来社の資金不足により『袋雑誌』自体一号で廃刊となったため続刊は出ていない。タイトルは犬とセットであり、記事も犬に関するものの方が多いが、しかし猫をタイトルに入れて「新聞」と称した最初のメディアであることは間違いない。猫に関する記事としては、路面電車に轢かれる猫や犬が多いと論じた「犬猫を殺す文明」や、珍しい三毛の雄猫について触れた宮武外骨執筆「三毛猫の牡」、猫に関する言葉を解説した「猫草子」などの記事が出ている。また「犬猫消息」と題した雑報では「築地三丁目の愛猫家永井フミ氏方の牡猫マメは、猫感冒に罹り、去る十七日入院の所、二十五日全癒退院」「日本橋区北槇町《きたまきちょう》の福井菊三郎氏愛猫シロは、金銀眼の牡猫なるが、感冒性胃加答児《カタル》に罹り入院中の所、十月二十三日目出度く退院せりと」というような記事が出ている。猫や犬が好きな人に情報を提供しようとするものではなく、人間の新聞のパロディのような記事で笑いを取ることが第一目的のものであった。

なお記事によれば、当時犬に関する雑誌は東京発行のものだけでもすでに三種類存在していたという。「世に犬雑誌あつて猫雑誌無く猫新聞無し。思ふに人心自然の帰趨此の果を示せるなるべしと雖《いえど》も、犬猫は本是一系の獣的、愛憎偏頗の私情を以て之を律すべきにあらず、本誌が題して『犬猫新聞』と称する者即ち此の故にして、其の本《もと》づく所博愛平等一視同仁の大精神にあり」と書かれている。大正期に入っても、一般的には猫よりも犬の方が圧倒的に人気があったが、そのなかであえて「猫」をもタイトルを含めた点に本新聞の特色があるというのである。

なお、これより少し前の時期の新聞記事に「山の手の獣医の処には犬の患者が沢山居るが、下町の獣医の処には猫の患者が多い〔中略〕犬は多く中等以上の家に飼はれ、猫は多く中等以下の家に飼はれるからであらう」（「東京市内重なる飼犬と飼猫（つゞき）」『読売』一九〇一年一〇月二八日）という獣医の証言もある。こうしたことも、犬の雑誌があって猫の雑誌がないことの背後に存在している可能性もある。

犬の人気の方が高いなかで、猫の名を冠する新聞が登場したり、あるいはキャットショーが開かれたりということは、社会における猫の存在感の増大を反映するものであった。しかし同時に、それが「猫ごとき」の新聞やショーとして、奇を衒って注目を集めようとしたものであったという意味では、社会の中での猫の地位はまだ低いものであった。そうした点で、今日の猫好き向けの雑誌や、キャットショーとは持つ意味がだいぶ異なることは言うまでもない。明治末期から昭和初期にかけての時代は、一方において猫をはじめとする動物のプレゼンスが高まり、また動物愛護の精神が次第に広まっていく時代である一方、にもかかわらず動物を家族のように愛することは奇異な目で見られたし、動物虐待や乱暴な扱いも厳然として根強く存在する時代であった。

●動物愛護団体の誕生

なお、動物の地位の向上に関して付言すると、日本最初の動物愛護団体である動物虐待防止会が結成されたのは、東京愛猫会が設立される六年前の一九〇二年（明治三五）であった。設立の中心となったのは広井辰太郎《たつたろう》という人物で、発起人には井上哲次郎、井上円了、巌本善治《いわもとよしはる》、徳富蘇峰《そほう》、戸川残花《ざんか》、何礼之《がのりゆき》、河瀬秀治《ひではる》、棚橋一郎、高橋五郎、辻新次、南条文雄《ぶんゆう》、成瀬仁蔵、内藤湖南、村山専精、大内青巒《せいらん》、岡田朝太郎、山県悌三郎《ていさぶろう》、山県五十雄《いそお》、蔵原惟郭《くらはらこれひろ》、前田慧雲《えうん》、福島安正、近衛篤麿、江原素六《えばらそろく》、安部磯雄、沢柳政太郎、佐治実然《さじじつねん》、堺利彦、岸本能武太《のぶた》、湯本武比古、渋沢栄一、島地黙雷、元良《もとら》勇次郎といった、当時著名の知識人・教育者・宗教家ら錚々たるメンバーが名を連ねた。同会は一九〇八年に動物愛護会へと改名されるが、一四年に日本人道会が設立されると、広井は同会の専務幹事に就任し、愛護運動の中心は同会の方へ移っていく。日本人道会は、名誉会長に鍋島直大《なべしまなおひろ》、名誉副会長に後藤新平が就任するなど、名士も名を連ねていたが、強いリーダーシップを発揮したのは、理事長の新渡戸万理子《にとべまりこ》（新渡戸稲造の妻、旧名メアリー・エルキントン）であった。また、米国大使館附武官の妻フランセス・バーネットや、鈴木大拙《だいせつ》の妻ビアトリスも積極的に活動に参加するなど、日本人道会にはキリスト教精神の影響が強かった（今川勲『犬の現代史』築地書館、一九九六年）。

このように、明治末から大正期にかけては、日本における動物愛護運動の黎明期であり、しだいにその思想や運動が広まっていく時期であった。しかし、なぜ動物愛護を行う団体の名前が「人道会」という名称なのか。実はここに当時の動物愛護の論理の持つ性格が反映されていた。

堺利彦を例にとってみよう。堺は、『万朝報《よろずちょうほう》』『平民新聞』などに筆を執った文筆家で、社会主義を世に広めた社会運動家でもあったが、動物愛護会にも参加して積極的に会活動に関わった人物である。堺は、動物虐待の横行に対して「此様な同情のない、思ひやりのない無慈悲な事は、人間社会の恥辱」とまで批判し、「世間で動物を虐待するのを、何とかして防ぎ止めて、人間社会に博愛の精神を広めたい」と考えていた。しかしその論理は、「斃れるまで馬を鞭つ人は死ぬるまで人を追使つて平気な人である。馬を打殺して愉快がる人は、人間を打殺して何とも思はぬ人である」「動物を愛する心は即ち他の人間を愛する心で、弱き動物を保護する心は即ち弱き他の人間を保護する心である。家庭に於て家畜を愛し、家畜を保護するのは、一家の人心を柔げるに大功があるであらう。殊にそれが小供に対する感化は甚だ大いなる事であらう」というものであった（堺利彦『家庭の和楽』内外出版協会、一九〇二年）。動物を苦痛から解放すること自体が目的なのではなく、あくまで人間の教育効果を強調しているのである。堺だけではなく、これは当時の動物愛護運動全般に見られる典型的な論理であった。

●ペットは「家族」ではない

こうした人間中心の論理が基礎となっている愛護運動であるため、「家畜の愛に溺れる風は少しく戒めて置かねばならぬ。犬を人間と同じ様に扱つたり、猫を女中よりも大切に扱つたりするのは、実に怪しからぬ事である」と、堺は動物愛護の行きすぎにも警鐘を鳴らしている（前掲堺利彦『家庭の和楽』）。後世のように、ペットを「家族」と考えるようなことは、論外であった。

また、動物虐待防止会の刊行物として堺が執筆した『我家の犬猫』という本があるが、これを見ると、堺が平気で猫を捨てている記述を発見することができる。

或時、大阪で、フトどこからか迷つて来た小猫を、飼ふともなしに飼つて見た処《ところ》、いかにも糞しが悪るくて仕方が無い。〔中略〕結局棄てるより外は無いと云ふ事になつて、其翌日とう〳〵町はづれの野原に持つて行つて捨てゝしまつた。其時、予は発句を一つ作つた。

猫すてゝ帰る野道や秋の風（堺枯川『我家の犬猫』動物虐待防止会、一九〇三年）

動物愛護の啓発のために書かれた書籍に、こうした文章が平気で書かれているのである。堺は、福岡から東京に引っ越した際にも現地に猫を置いてきたことや、飼っていた犬が郵便配達人に吠え付いたことから、「十分の折檻をせねばならぬと思つて、直ぐに赤を引捕へてサン〴〵に擲《なぐ》りつけた上で、門の柱にガンジガラメに縛りつけた」という記述もある。その後も人に吠えかかるたびに同様の折檻を加えたと書かれている。

●虐待を描いた模範文集

動物愛護を主張する人物すらこのような状況であるから、より一般社会に目を向ければ、動物を虐待したり殺したりすることを何とも感じない人は広汎に存在した。例えば、一九〇九年（明治四二）刊行の『暑中休暇日記の栞』という、小学生向けの模範的な日記の文例集には、次のような文章が出ていたりもする。

昼寝をやつてゐる中に、猫めが出てきて、筆洗の水をぶつかへして、絵の具も画もめちやくちやになつてゐる、いや癪にさはつたどころではない、見ると猫めは本箱の上に寝てゐる、おのれといひさまなぐらうとすると、畜生中々すばしつこい、ひらりと体をかはして逃げて行く、いや益々癪にさはつた、座敷中を追ひ廻して、やつとつかまへた、〔騒ぎを聞いて〕妹が飛んできて障子をあけるのと、僕が猫のあたまに鉄拳を呉《く》れるのと同時であつた、すると野郎一声悲鳴をあげた、

現在ならこのような文章が子ども向けの「模範的」日記例として提示されることはありえないだろう。まして大人向けの文章の中には動物を虐待する記述はもっと頻繁に出てくるものであった。例えば、当時著名な文筆家であった大町桂月《おおまちけいげつ》が雑誌『文芸倶楽部』に執筆した「猫征伐」は、家のヒヨコを食べてしまう猫を捕まえようと、さまざまな方法を試みたことを書いた文章である。猫に石油をかけて焼き殺そうという案が出てくるなど、現在から見れば相当残酷で、結局最後は、箱ごと池に投げ入れられて猫は殺されてしまうのだが、書きぶりからしておそらく筆者としては何気ない日常を描いた文章であって、ことさらに残虐さを強調しようとしたものではなかったと考えられる。しかしそれゆえにこそ、筆者さらには読者にとっても、猫を殺すことがなんてことのない日常風景であったことが窺えるのである（大町桂月「猫征伐」『文芸倶楽部』一九〇五年一一月号）。

●猫を捨てる愛猫家

当時は猫好きと称される人物であっても、平気で猫を捨てた。たとえば、室生犀星《むろうさいせい》の家で飼っていた猫のなかに、引越しの際、毎回前の家に戻ってしまう猫がいた。三度目の引越しの際、一度前の家に戻った猫が、しばらくしてよれよれに汚れたみすぼらしい姿になって新しい家に現れた。長く飼った猫がそれほど苦労して家に戻ってきたのであるから手厚く介抱するものかと思いきや、犀星は「余《あま》り不潔だから〔中略〕二三日置いてから捨ててしまふやうに」と家族に言い、家族もそれに反対せずに賛成する。しかし、この猫はこうして捨てられても、再度この家に戻ってきた。すると犀星は、「乞食同様になり下つてゐる奴なんぞ、重石をつけて海に沈めてしまふやうに」とまで言う（実

際には実行せず、より遠くに捨てた）。かつて四年間家で一緒に過ごした猫に対して、平然とこう言い放つことができる神経は、現在の猫好きには到底理解できないであろう（室生犀星「ねこはねこ」『花霙』豊国社、一九四一年）。近年、猫好きとして取り上げられることの多い犀星であるが、ある文章のなかで「猫は性質が狡猾《こうかつ》な上に少しも正直なところが見えない」「僕の家では僕が嫌ひなかはりに女達は無性に猫を愛してゐる」「元来、女の性質のなかに猫のやうな狡い性質があるために、同じい狡い者同士が愛し合ふことは当然である」とも書いている（室生犀星「犬猫族」前掲『花霙』）。犀星を猫好きと呼べるか自体議論のあるところだろうが、しかし猫を愛していたはずの家族までが、猫を捨てることに賛成している辺りには、猫に対する感覚が現在の猫好きとは大きく異なっていることが表れていよう。

●動物病院の増加

しかしそうしたなかにあっても、猫を大事にする人は、ゆっくりとではあるが、増えていった。その一つの表れは、猫や犬を診察する病院が増えていったことである。明治中期までの動物病院といえば、何よりも馬や牛を中心に診る「家畜病院」であったが、日清戦争前後から猫や犬中心に診察する病院もでき始め、「犬猫病院」と名乗る病院も出てくる。一九〇八年（明治四一）の新聞記事は東京の家畜病院の増加を報じ「食ふに食はれず死ぬに死なれず病気に罹《かか》つても薬一つ飲めぬ窮民が一日何百人といふ数に上る東京市中に家畜病院が三十からあつて而《しか》もそれが相応に門戸を張つて居るのは一寸《ちよつと》奇だ」と報じられている（「幸福なる犬猫」『東京朝日』一九〇八年九月一九日）。ただし、一九一一年頃になっても、まだ小さい怪しげな病院が多く、東京にあった七〇軒の家畜病院のうち、それなりに設備の整った猫や犬相手の病院は五〜六軒にすぎなかった。実業家などの名士を顧客として抱えている病院以外は経営も苦しかった（卯木庵「家畜病院」『牧畜雑誌』三〇七、一九一一年）。また犬猫病院といっても猫を診てもらう人は犬に比べると少なかった。

なお、夏目漱石は、生涯五匹の猫を飼育したが、初代と二代目は、体調がひどく悪くなっても、病院に連れていくことはなかった（二代目が死去したのは一九〇九年）。しかし一九一一年になって、初めて猫（三代目）を病院で診察してもらっている。治療費は四〇銭であった。当時そば一杯が三銭五厘の時代なのでその一二倍程度、日雇い労働者の賃金が一日五六銭なのでそれより若干安い値段であった（週刊朝日編『値段の明治・大正・昭和風俗史』上、朝日文庫、一九八七年）。べらぼうに高いわけではないが、当時の猫の地位の低さを考えると、多くの人にとっては割高に感じられたであろう。したがって猫を医者に診てもらうというのは、家計に余裕があり、かつそれなりに猫に対する愛情が大きくなければできないものであった。漱石が猫を診察してもらうようになったのも、漱石の心にそうした変化が生じたことを示すものであろう（飯島栄一『吾輩ハ夏目家ノ猫デアル』創造社、一九九七年）。

その後、一九一六年頃の文献（金々先生『商売百種　渡世の要訣』雲泉書屋、一九一六年）では、家畜病院が「近頃メッキリ殖えた」とされ、しかも牛や馬を入院させようとしても普通の病院ではそうした設備はなく、たいてい猫や犬が第一のお得意であるとされている。この頃には猫や犬を診察する病院が主流となっていたのである。ただし前述したように犬に比べ猫の診療数は少なく、また猫の診療については、臨床検査（血液や尿、便、体液、組織などを採取・分析すること）を行うことはきわめて少なく、多くの場合、症状のみを見て診断がなされていたようである。それは獣医自身が猫についてあまり知識がないことが原因であった。猫の本格的な医療が普及するのは戦後高度成長期以降を待たなくてはならない。

●動物霊園の誕生

動物病院の増加とならんで、この時期の動物に対する人々の姿勢の変化を示すものに、動物霊園の設立がある。江戸時代以前から、猫や犬のために墓を作った例がないわけではないが、一般的には墓標を建てずに野原や木の根元などに埋めたり、あるいは川に流したりすることも多かったようである。動物の供養を行う回向院《えこういん》のような寺院もあったが、そのような寺院は例外的な存在であり、動物専用の霊園も存在していなかった。

ところが明治後期から、動物専用の霊園が登場してくる。大塚・西信寺《さいしんじ》の住職中村広道が、一九〇九年（明治四二）、回向院住職本田浄厳らとともに、東京家畜埋葬株式会社の発起を企画したのが発端で（「東京家畜埋葬株式会社」『東京朝日』一九〇九年六月二〇日）、その後、中村は回向院および警視庁と交渉の上東京家畜埋葬院を設立、在京各寺院七五名の人々からの援助資金をもとに、府下北豊島郡長島村字水道向の三〇〇〇坪の土地に埋葬地を開いた（中村広道「東京家畜埋葬院と其檀家」『生活』一九一七年七月号、「家畜埋葬地の新設」『読売』一九〇九年一二月二四日）。

中村によれば、当時は町中に死んだ動物の死体が打ち捨てられて、見るも無残な姿に変わり果てた挙げ句に悪臭を放っており、また猫や犬の死骸も川やドブに投げ捨てられ目を覆うような有様であった。仏教の輪廻の考えに照らしても、またキリスト教の霊魂の説に照らしても、生物を粗末に扱うことはあってはならないと考え、中村は墓地をつくったのであった（胡蝶園「如是畜生発菩提心（犬猫家畜埋葬院）」『文芸倶楽部』一九一〇年五月一日号）。設立されるとすぐに各地から葬儀の申し込みが殺到、設立後一〇〇日も経たない時点での新聞では、一ヵ月平均六〇〇〜一〇〇〇匹の申し込み数で、山の手はもちろん、下町からも申し込みが殺到していると報じられている（「犬猫の大法会」『東京朝日』一九一〇年二月一六日）。

●畜類一大追弔会

その後、東京家畜埋葬院は、墓地の埋葬数が三〇〇匹を超えたことを記念し、両国回向院において、日露戦争で斃《へい》死《し》した軍馬の七回忌を兼ね、動物供養の大法会《だいほうえ》を企画する。不慮の死を遂げた無縁の動物を含め、一切の生類の冥福のために追悼会を開こうというものであった。犬を飼っていた大隈重信や、前述のキャットショーにも猫を出展していた伯爵酒井忠興ら貴顕紳士・諸大家の賛同を求め、また動物愛護会、東京獣医会とも協議を行った上で、一九一〇年（明治四三）四月一七日、両国の回向院にて、増上寺貫主堀尾大僧正を導師とし、各檀那寺の住職を招いて、大法会は実施された。

来賓者には獣医の元祖といわれた深谷周蔵ほか獣医の面々が陣取っており、「日露戦役に馬の斃れた数は夥《おびただ》しい、然るに政府では人間には夫々《それぞれ》恩典を賜はつたに拘らず畜生ながら名誉の戦死を途〔ママ〕げた軍馬には七年経つた本日何等の慰むべきものがない、不公平ですナ」などとしきりに馬の同情論を交わし、犬好きの参列者は、「猿は猾く猫は智恵が足ない一番温順で忠義なのは犬だ」と自分の飼っていた犬がいかに忠義かというエピソードを話して盛り上がり、また猫の飼い主は、「妾家《わたしんとこ》の猫は三毛で〔中略〕夫れは〱優しい、夜なんぞは妾の寝床に潜り込んで来て温めて呉れました」「猫は死場所を見せぬと申ますが夫は嘘です、家の猫は死ぬ時ニヤン〱と泣きながら私の膝へ乗て来て臨終仕ました」などと追懐談を交わしていたという。ただしこれを報じた新聞は、「所謂《いわゆる》犬猫気違は恁《こ》んなものかと思ひながら本堂を降りると一匹の黒犬、供物の菓子を眺めて「已れも死にたい」と云ふ様な顔付で尾を振つて居た」と、嘲笑気味にこの記事を報道している（「牛馬犬猫死して余栄あり」『東京朝日』一九一〇年四月一九日）。この報道ぶりからは、「犬猫気違」に対する奇異の眼がまだ根強いことがわかる。

●続々と誕生する動物霊園

東京家畜埋葬院のほかには、一九一五年（大正四）頃までに、三河島に日本家畜葬儀社の万畜院という名の動物霊園ができていたようである。同院には西園寺公望《さいおんじきんもち》の愛猫や、久邇宮《くにのみや》や大隈重信・寺内正毅《てらうちまさたけ》・渋沢栄一・新渡戸稲造らの愛犬も埋葬されており、この法会の参列者には上流階級の人が多かったという（「家畜の為めに」『東京朝日』一九一六年九月二四日）。

　このように、大正中期には上流階級中心とはいえ、動物霊園に対する需要が大きくなってきていた。一九一七年九月二四日の『東京朝日』では、近頃では犬猫は当たり前、蛇やカエルまでも人間並みの葬式をしてやってくれと小石川の東京家畜埋葬院に依頼してくる人が多いとの記事が出ている（「文鳥や河鹿のお葬式」『東京朝日』一九一七年九月二四日）。三河島の万畜院はその後昭和初期に至り衛生上の理由から警察によって営業停止に追い込まれたようだが、一九二九年（昭和四）には多摩犬猫葬祭株式会社犬猫埋葬墓地が東府中に誕生（小川哲男「犬猫族墓地繁盛記」『旅』二五―九、一九五一年）、また一九三五年には板橋区舟渡に東京家畜博愛院が誕生するなど、動物霊園は増えていく。

　元祖である西信寺の家畜埋葬院は、一九二二年には早くも取り扱い数累計一〇万匹を超えたと報じられ、恒例化した毎年の追善供養会には各宮家や華族からの使いが多数遣わされている（「有縁無縁の畜類追善供養にけふ各宮家からお使ひ」『読売』一九二三年三月二二日）。その後、墓地が手狭になったことから、昭和初期には大泉に移転、西信寺別院大泉霊園と名前を変え、動物専用の礼拝堂、仏殿、休息所、管理室、慰霊塔、地下納骨堂、専用墓地、重油燃料火葬設備を備え「贅沢すぎる位の行届き振りだ」と報じられるほどの設備を誇るようになる。ただし当時の雑誌記事はその設備の充実ぶりを「こゝまで来ると一寸正気の沙汰とは思はれない」と批判的に報じている。なお、一九三七年時点の値段は、他の動物と合同で火葬する「普通火葬」が、大型犬四円五〇銭、中型犬三円、小型犬・猫二円、子猫一円五〇銭、一匹ごとに個別に火葬・埋葬する「特別火葬」が、大型犬九円、中型犬七円、小型犬・猫五円となっている。また火葬料以外に運搬料が一匹五〇銭かかるとされている（「犬猫が人間以上に葬られる」『経済マガジン』一九三七年七月号）。なお当時の人間の葬儀料は五〇～六〇円が相場、日雇い労働者の日給は一円四三銭ほどであった（週刊朝日編『値段の明治・大正・昭和風俗史』上・下、朝日文庫、一九八七年）。

●人間と動物との区別

以上のように、動物、特にペットとしての猫や犬の地位は確かにそれ以前から考えると向上し、専用の墓地までつくられるようになった。しかしこれを正気の沙汰ではないと報じる記事もあったように、こうした動物の扱い方を良しとしない人も一般社会には多かったこともまた事実である。犬に比べると猫の埋葬数はかなり少なかったことも窺える。当時は犬の方が猫よりも圧倒的に大事にされていた。

また動物霊園という形で、動物だけの霊園をつくっていることにも、一つの意味があった。東京家畜埋葬院を創設した中村広道は「普通の寺院墓地は人類を埋葬すべき所で、極めて神聖〔中略〕之れに禽獣の死屍を埋葬するは、仮令《たと》ひ之れを焼棄して、一片の遺骨と為《な》しても人畜を混同して人の墳墓の神聖を汚すものである」と語り、だからこそ別に動物霊園をつくったのだと述べている（前掲中村広道「東京家畜埋葬院と其檀家」）。すなわち、それが人間と別の場所につくられることは、人間と同じ場所に葬ることはできないという、人間よりも動物を一段低く見る観念が根強く残っていることの結果でもある（人間と動物を合葬できる墓地が出てくるのは戦後高度経済成長期以降である）。大正中期に、アメリカ社会の見聞録を新聞記事に連載していた成沢玲川《なるさわれいせん》は、アメリカ人がまるで友達かのようにペットに接することを述べた上で、日本人の「人畜の区別の厳かなることは恰《あたか》も君臣の別の明らかなる如くで」「〔動物が〕坊ちゃんの家来であることは桃太郎以来の掟である」と誇らしげに述べている（成沢玲川「米国物語（七）」『東京朝日』一九一六年一二月五日）。人間と動物の間には厳然たる区別があり、ペットが社会の一員・家族の一員とされるような時代ではなかった。

2　震災・戦争と猫

●関東大震災と猫

一九二三年（大正一二）九月一日、関東大震災が発生する。昭和恐慌、そして戦争へと向かう時代の転換点となった関東大震災であるが、震災において、そしてその後の恐慌と戦争の時代においても、猫は人間同様に、あるいは、人間以上に苦しみを味わうことになる。

図26は、当時の震災記録画集に収録されている池辺鈞《いけべひとし》の「生き残つた猫」である。焼け跡のバラックに服が干され、その傍に白猫が佇んでいる（『日本漫画会大震災画集』金尾文淵堂、一九二三年）。題名の通り、震災をかろうじて生き延びた猫である。震災時、焼け跡には、この猫のように数多くの猫や犬の姿が見られたという。

26＝池辺鈞「生き残つた猫」（『日本漫画会大震災画集』1923年）

震災の記録は多数残されているが、猫や犬について記述されている本は少ない。東日本大震災に際して、被災地の動物に関する書籍が多く出されたのとは大きく様相が異なっている。そのようななか、宮武外骨の『震災画報』は、猫や犬の様子にまで触れた数少ない文献であり、「多数の避難者中には何一品も持たず、猫又は犬を抱えて悄々《すごすご》と歩く独り者があつた、これも平常の愛に牽《ひ》かされて、畜生でも焼死させるのは可哀想だとしての人情から出た事であらう」という記述がある。

しかし、多くの人は、命からがら着のみ着のまま逃げ回るのに精一杯で、わざわざ猫を連れて逃げる人は多くなかった。外骨によれば、「焼残りの町内に飼主なしの犬猫が夥しく殖《ふ》えた」けれども、震災後には人間の子どもが捨てられることすら横行したぐらいであるから、「こんな際、犬や猫に構つて居られないとして、主家に置去られた犬猫は、理智のない畜生だから、逃路に迷ふ中、猛火に焼かれて死んだのが多いと見えて、犬猫の焦げた骨が、到る所の焼跡、道端の彼方此方に転がつて居た、されば焼残りの町内にウロツク犬や猫が多くなつたのは、ヤハリ愛児を棄てた親と同様、避難先の家でも厄介がられるので、已《や》むを得ず捨てたのがオモであらう」とされている（宮武外骨『震災画報』第五冊、半狂堂、一九二四年）。多くの猫が焼死し、また生き残っても、飼い主から捨てられた猫も多かった。「畜生」と見下す人の多いペットを避難先で飼育することについても抵抗が大きかっただろうことは想像に難くなく、池辺の描いた猫も、そのように捨てられた猫であった可能性もある。

●震災の際の悲喜劇

ただ、そうしたなかでも猫を飼い続けた人もいた。猫好きの劇作家である水木京太は、震災後、「隣りとの仕切りも十分でない日比谷公園のバラックにさへ、長閑に居睡る猫の姿を見た」と書いているが、これはバラックで人に飼われていた猫であったようである（水木京太「「不完全な家」にて」『中央公論』一九二六年一月号）。

また、震災のエピソード集には、「猫ばあさん」として有名だった本所《ほんじょ》区石原に住む藤本えくという女性の話が書かれている。えくは、大地震に際して家具一式を捨てて顧みず、愛猫四匹を自分の腰帯につなぎ、子猫二匹をメリヤスの風呂敷に入れて懐に収め、本所被服廠跡《ひふくしょうあと》へと避難した。しかしこの本所被服廠跡は、避難民の家財道具に火が燃え移って巨大な火災旋風が発生し、三万八〇〇〇人が犠牲になるという惨禍に見舞われた場所である。「猫ばあさん」は命こそ助かったものの、大腿部と目を負傷し、腰につないでいた四匹の猫も死んでしまった。

その後日比谷の第一中学校に収容されたえくは、一人だけ食事を一切口にしようとしなかった。折から、隣席の重症患者に医員がカンフル注射を打つためえくの脇に座ったところ、彼女の目の前の風呂敷包がムクムクと動き出した。えくは袋の中を見られまいと懐に包み込み、死に物狂いで抵抗したが、結局奪われて中を開けられた。泣き叫ぶえくの目の前に、かわいい二匹の子猫が出てきて戯れあった。風呂敷に入れた二匹が生きていたのである。聞いてみれば、この二匹はえくの友人であった金持ちの後家が、臨終に際して託したもので、それと引き換えにえくはその後家が持つ貸家三軒を譲り受けたのだという。食事を食べなかったのは猫に分け与えるためで、袋の中を見られたくなかったのは、猫など助けている場合かという非難をおそれたからであろう（荒野耕平編『震災ロマンス』誠進堂書店、一九二三年）。同じ話は別の教育用書籍にも出ており（ただし老婆の名前は「藤本ゑく」となっている）、おそらく実話であろうと思われる（内外教育資料調査会『教育資料　大震大火の美談と惨話』南光社、一九二三年）。

●増上寺での追悼法会

震災後、動物を供養する追悼法会が増上寺において行われている。新橋の三味線師匠であった池村あか子（赤子とも。田辺蓮舟《れんしゅう》の娘で三宅花圃《かほ》の妹）が、まだ供養されていない犠牲者や、「牛馬犬猫等の焼死したのも夥しい数に上る」ので、それらのためにと企画したものであった。この企画に早稲田大学や、当時お嬢様学校として知られていた跡見女学校も賛成し、学生の協力を得て「復興箸」と称する雑煮箸などを売ることで費用に充てる計画が立てられた。供養対象の動物については、死んだ動物の名前か戒名をハガキで送ってくれれば無料で供養すると告知された。そして一九二四年（大正一三）一月一二日、朝野の名士や学生の参列のもと、大法会は挙行された。この企画を立てた池村は大の動物好きで「動物愛護狂」とあだ名されるような人物であったが、この大法会実施に際しては日本人道会のフランセス・バーネットの協力も得ており、本章1節で見たような、動物愛護の動きを受けてのイベントであった（「池村あか子さんが死者と動物の供養」『読売』一九二三年一二月一九日、「持つて生れた慈善狂」『東京朝日』一九二四年一月一三日、「日米婦人が動物愛護」『読売』一九二六年四月七日)。

●本格的動物シェルターの誕生

池村はこの後、フランセス・バーネットとともに動物愛護運動に注力するようになり、捨てられた猫や犬、牛、馬などの「動物の養老院」をつくる運動なども行っている(「バーネット夫人が動物愛護で池村赤子さんと提携」『読売』一九二六年一二月一五日、「動物の養老院」『読売』一九二七年一一月一三日)。この計画はすぐには実現しなかったようであるが、その後バーネットの尽力により、一九二九年(昭和四)六月二日、鎌倉円覚寺《えんがくじ》の近くに動物愛護慈悲園が設置された。同園は七〇〇坪の敷地を持ち、犬五〇〇匹、猫一〇〇匹の収容力を有する本格的な動物シェルターであった。

もともと鈴木ビアトリス（鈴木大拙の妻）とその家政婦関口この子は、バーネットの援助のもと円覚寺の敷地内にある鈴木邸で捨て猫・捨て犬の世話をして医療を与えていた。しかし円覚寺から禅寺内での動物の飼育を咎められて立ち退きを要求され、またバーネットが夫の帰任でアメリカに帰ることとなったため、始末をつけようと奔走して実現したのだという(「生涯、犬猫の母で暮さうと云ふ女」『読売』一九二九年一月一六日、「産児制限もやる犬ねこのホテル」『東京朝日』一九二九年五月二四日夕刊)。

またバーネットや日本人道会の尽力で、一九二七年五月二八日から六月三日にかけて「動物愛護週間」が挙行された。日本最初の動物愛護週間である(ただし、これより前、一九二三年に一度、「動物愛護デー」が動物愛護会によって行われたことがあったが、これは一回きりで終わってしまっていた)。これ以降、動物愛護週間は毎年恒例化していく。さらに一九三三年からはその二日目が「犬と猫の日」と定められ、「不要の犬猫や宿無しの犬猫」を日本人道会の収容所に連れてくるよう呼びかけられ、また犬猫を欲しい人に譲るという呼びかけもされた(「犬と猫の日」『東京朝日』一九三三年五月二九日、「動物愛護週間」『東京朝日』一九三五年五月二九日)。このように、昭和初期に、動物愛護団体による捨て猫・捨て犬の里親探しも行われるようになったのである。この動物愛護週間はその後一〇年以上にわたって恒例行事となり、戦争中一時中断するも、戦後復活、日にちと主催団体を変えながら今日まで続いている。

●雀にまで同情心

こうしたなかで、動物愛護の意識もさらなる広がりを見せるようになる。一九三六年(昭和九)一一月に、三味線皮目的の猫捕り犯人が逮捕された際には、猫ばかりではなく、証拠品として押収された雀(猫を釣るために使われた)に焦点を当てた特集記事が新聞に掲載されている。

ボクを散々いぢめた人間がブタ箱とやらに入れられたときは胸がスツとしてもうこれからコキ使はれなくても済むと思ふとホツとした、併しその喜びも束の間、死にさうなボクをいぢくりまはしてゐるサーベルを下げた人間たちをかき分けて新聞社の写真班といふ奴が何人もやつて来て〝手の上へ止まらせろ〟〝机の上へおけ〟と勝手なことを云つてはバチバチ写真を取るのだ〔中略〕ボクはもう米粒を食べる元気もなくとう〳〵みにくい骸を横たへてしまつた。

雀の台詞になぞらえて語られているように、この時、殺された猫だけでなく、この哀れな雀に対して多くの注目が集まった。明治期の記事ではそもそも殺された猫にすら同情的でない報じ方も多かったのに対し、この時期には釣り道具の雀に同情する報道がされるほどに、動物に対する哀れみの目線を向ける人は多くなっていたのである(「雀の子は泣く」『読売』一九三六年一一月一七日、「猫釣り雀の子悲しく昇天」『読売』一九三六年一一月一八日夕刊、「閻魔の庁へ出たら無罪にして貰ふよ」『読売』一九三六年一二月一〇日夕刊)。

27= 雑誌『猫の研究』

●猫の専門雑誌

一九三五年（昭和一〇）七月には、日本最初の猫専門の雑誌『猫の研究』（副題「愛猫礼讃帖」）が「犬の研究社」から発刊されている（図27）。犬の研究社は、愛犬家向けの書籍や、雑誌『犬の研究』を発行していた団体で、『猫の研究』はこの『犬の研究』の別冊という形で出版された。『犬の研究』編集に携わっていた白木正光が編集を担当し、劇作家で猫好きの水木京太が何十年もかけて蒐集してきた猫の本をすべて参考資料として提供した。「世界で最も進歩してゐる英国の猫の科学一斑」という記事では、イギリスの研究に基づく猫の身体の解説やキャットショー、専用の猫舎を用いた猫の飼い方が紹介され、また水木による日本の猫の歴史に関する文章や、猫の種類（純血種）の解説、飼育方法、彫刻家の藤井浩祐《こうゆう》や、男爵白根松介《しらねまつすけ》夫人の喜美子、画家の藤田嗣《つぐ》治《はる》、芸術家で猫玩具収集で著名な河村《かわむら》目呂二《めろじ》らの随筆が掲載されるなど、盛りだくさんの内容である。しかし、内容は当時の一般の猫飼育の状況からみるとやや高度で、とりわけ庶民階層の人々に受けるような内容ではないとの印象も否めない。

なお、この『猫の研究』発刊と同時に、「猫クラブ」の設立も提唱された。『猫の研究』掲載の「猫クラブ創立事務所」名で出された告知によれば「多数の愛猫家がありながら、未だ何等愛好家相互の連絡機関や社交団体のないのは遺憾です。今回「猫の研究」の発刊されたのを機会に猫クラブを設立し、同好者が集つて歓談したり、時には愛猫持寄会を催し、併せて愛猫熱の気勢を煽りたく思ひます。御賛成の方はお手数ながら左記まで御通知下さい。賛成者が一定数に達しました節は、改めてお集りを願つて具体的に御協議致します」とあり、発起人として、藤井浩祐・小西民治・駒城東一・水木京太・白根喜美子の名前が連なっている。しかし、その後クラブの活動が実際に行われた形跡は見られない。継続的に活動を行えるような猫好きの団体が登場するには、もうしばらくの時間が必要であった。

●猫と犬の人気の差

『猫の研究』は「第一輯」と銘打たれていて、続きを出すつもりであったようだが、結局第二輯は出されなかったようである。その後一九四〇年（昭和一五）になって、『猫の研究』の内容のうち、随筆等を省いて、猫の説明や飼い方などの部分が『猫の飼ひ方』として犬の研究社から書籍化された。

同誌の「編輯後記」には「それにしても不思議なことは、猫の本がちつとも出ないことです。犬の本が雨後の筍のやうに現はれるのに比較して、余《あま》りに淋し過ぎると愛猫家の皆さんはお考へになりませんか。飼育管理に就《つ》いての科学的研究も殆んど行はれてゐないやうです」と記されている。犬の雑誌があるのになぜ猫の雑誌がないのかという同様の疑問は、先述した『犬猫新聞』でも指摘されていた。ペットとしては一貫して犬の方が人気であり、また当時はほとんどの人が今でいう「雑種」の猫を飼育しており、外国から特定の猫種を輸入したり繁殖させたりするような商人も存在していなかった。これに対して、犬は種類が豊富で、それに応じた情報を求める人が多かった。そうしたなかで、一号のみとはいえ、猫の雑誌が発行されたことは特筆すべきことであった。

●恐慌・戦争と猫

同じ頃、時代は不況、そして戦争への道を着々と歩み、猫にも暗い影が投げかけられ始めていた。昭和初期のいわゆる昭和恐慌のなかで、農村、特に養蚕地帯は、米価の下落と生糸輸出の激減で深刻な打撃を受けたが、すでに述べたように、かつては都市よりも農村、特に養蚕地帯で猫が多く飼育されていた。しかし「娘の身売り」すらせざるを得ないような状況のなかで、猫を飼育する余力がなくなった家も多かったと考えられる。

『猫の研究』が出た二年後の一九三七年（昭和一二）九月には日中戦争が始まる。日本軍は開戦三ヵ月で中華民国の首都南京を攻略、翌年一〇月には中部の要衝・武漢を占領するが、その後しだいに戦争は泥沼化し、日本国内の物資不足が深刻になってくる。こうしたなか、「非常時」に、猫や犬を飼っている場合か、というような風当たりも強くなっていく。そして一九四〇年二月一三日の帝国議会衆議院予算委員会で、立憲民政党の代議士北昤吉《きたれいきち》（北一輝の弟）は次のような発言を行うに至った。

> 此の議会に於《お》きまして過日来飼料の問題が大分論ぜられて居ります、（中略）独逸《ドイツ》などでは此の前の欧洲大戦中犬猫を殆ど殺してしまつた、是は唯《ただ》物を食つて大して益する所がない、（中略）今日御承知の如く皮が足らなくて困つて居る、食ふ物が足らなくて困つて居る、斯う云ふ際に犬猫を撲殺することに陸軍が努力したらどうか、（中略）軍用犬以外の犬猫は全部殺してしまふ、さうすれば皮は出る、飼料はうんと助かります、

つまり、飼料の不足を補うため、無駄な食物を浪費する猫や犬は撲殺して処分すべきだとの意見を述べたのである。この時、畑俊六《はたしゅんろく》陸軍大臣は、「陸軍と致しましては無論此の食糧政策には重大な関係を持つて居ります、又軍用犬等にも依頼することが多いのでありまするが、此の犬を全部殺して愛犬家の楽みを奪つたが善いか悪いかと云ふことに付きましては、尚ほ折角研究を致したいと思ひます」と答えて、北の提案を退けた（『帝国議会衆議院委員会議録一一四 昭和篇』東京大学出版会、一九九六年）。

日中戦争は始まっていたとはいえ、この頃はまだ陸軍大臣が「愛犬家の楽み」に配慮する余裕はあった。北昤吉による質問の四ヵ月前、一九三九年一〇月の『警察協会雑誌』には、大阪府警察部特別隊に所属する人物が「動物愛」という文章を寄せ、二十数年間、家の前を通行する牛馬のために飼料と水飲み場を提供し、また捨て猫を沢山集めて

飼育していた辻善之助という昆布商人を取り上げて、その動物愛護精神を称賛し、「この話をきかされて、感動しない者が一人だつてあるだらうか。これこそ無言の尊い教育であり、生きた教材であらう」「こうした心で世のためのため、益する人達が多くなれば、この世の中はどんなに棲みい、か」と述べていた（田島三郎「動物愛」『警察協会雑誌』四七三、一九三九年一〇月一日）。なお、国会で北の議論に対し「犬猫の効用から愛犬家の立場まで考慮してやんわりと応答した畑陸相の答弁が気に入つたといふので」、動物愛護に力を入れていた日本人道会の理事が二月一九日に陸軍省を訪問、大臣官房を通じて「無告の動物に成り代り」感謝状を提出するという一幕もあった（「犬猫に代り感謝状」『東京朝日』一九四〇年二月二〇日）。

●民意の昂揚

しかし、その一方で、猫や犬の飼育に批判的な人々は増えていき、一九四〇年（昭和一五）三月末には物品税法および同施行規則により、贅沢品統制の一環として、購入金額一〇円以上の猫や犬に一〇%の税金が賦課されることとなった（『官報』一九四〇年三月二九日、同三一日）。また同月から、東京では食糧難のため内地米（日本本土産の米）に外地米（輸入米。南京米とも呼ばれ、不味い米の代名詞であった）二割を混合して販売しなくてはならなくなったが、このような規則ができた原因は、「一部不認識の徒《ともがら》が外米を犬猫の食用に供し、混食しなかつた」ことによるものだという風説が流れ、それにより再び猫や犬の撲殺論が提起された（「犬猫に累せられる国民」『祖国』一九四〇年五月号。なお混入率は五月には六割に引き上げられた）。

このような状況のなか、一九四〇年八月、日本人道会は「犬の役立つ点」を、警視庁の了解を得て人々に説いている。

犬一頭の皮から靴二足、肉から窒素肥料二貫目取れます、東京市だけでも飼ひ犬月に千五百頭死亡しますから〆て靴三千足、窒素肥料三千貫とれる訳です、全国にしますと大体その十倍から十五倍になりませう、〔中略〕斯様《かよう》に処分すればその費用も省けるし一石二鳥で犬を飼ふことも無駄にはなりますまい、（「犬も死して皮を残すゾ」『東京朝日』一九四〇年八月二五日夕刊）

しかし、この反論は、犬の「死体」が役に立つという議論であって、場合によっては殺して資源として使え、ということになりかねない。そうした反論しかできないような状況にまで追い込まれていたのである。同年一〇月には「もう撲殺反対の論拠はかなり無力化した」（「その後の犬猫問題」『祖国』一九四〇年一〇月号）とまで雑誌に書かれている。

●猫毛皮資源化の動き

こうした動きは、その後猫や犬を国のために差し出そうという運動につながっていく。ただし、それ以前から、猫を資源として使おうという動きもあった。一九三八年（昭和一三）四月二八日『東京朝日新聞』では、毛皮不足に対して、農林省山林局が主に農村に向けて猫の飼育を奨励し、猫毛皮の製作を指導していると報じられている。記事によれば、毛皮としての猫毛皮は、黒毛、三毛、雑毛に分けられており、その取引は「主として黒色に限られ、これは海軍士官用の外套裏地に用ひられる。又一般の服装用には襟飾として虎猫の毛皮の需要多く紡績用の摩擦機械にも必要」とされている（「家猫の飼育法」『東京朝日』一九三八年四月二八日）。ただし、この時の奨励はさほど熱心に広められたわけでもなく、当時行われていた毛皮のためのウサギ飼育奨励運動に比べると、ほとんど社会的には話題にならなかった。まして、家庭のペットを供出すべきだという意見は、この時点ではまだなかった。

日中戦争が開戦すると、農林省は『羊毛生産力拡充大綱計画』を立案し、一九三八年以降日満蒙三国で緬羊の大増殖計画を立てるが、中途で対英米開戦によりオーストラリアからの種羊輸入が途絶し、挫折を余儀なくされた（北海道緬羊協会編『北海道緬羊史』北海道緬羊協会、一九七九年）。他方で、日中戦争開始直後からウサギの飼育が国民運動として呼びかけられていたが、労働力不足や利潤の低さなどで挫折していく。たとえば農林省は、一九三九年八月一日に「家兎屠殺制限規則」を制定、各府県に通達している。これは、食糧不足から、ウサギを屠殺して食用に供してしまう人々が続出したために、五月から一〇月までの間は原則として屠殺を禁じたものであった（「家兎屠殺制限規則公布の件」防衛省防衛研究所所蔵『壱大日記　昭和十四年八月』）。買取価格が低廉すぎて、毛皮にしても利潤が低いことがその背景にあった。

●献納・供出運動の開始

こうして、ウサギでは需要が満たされないことから、一九四三年（昭和一八）より家庭で飼っている猫や犬を献納・供出させようという運動が、最初は北海道で始まる。この過程については、西田秀子の研究（「アジア太平洋戦争下　犬、猫の毛皮供出献納運動の経緯と実態」『札幌市公文書館事業年報』第三号別冊、二〇一六年）が詳しく検討している。その流れをかいつまんで述べれば、一九四三年四月に、大政翼賛会札幌市支部の発案で犬の献納運動が始まったのがその端緒で、さらに翌年五月、北海地方行政協議会の席上、在室蘭海軍首席監督官から猫の皮も航空要員の防寒服にしたらどうかという提案がなされ、犬だけでなく猫の皮も買い上げられることが決定、犬は一〇円、猫は五円という価格が定められた。

こうした動きはその後全国に広まる。一九四四年一二月一五日、軍需省化学局長・厚生省衛生局長が、各地方長官に通牒を発し、軍用犬・警察犬・天然記念物の指定を受けたものならびに猟犬を除いて、家庭で飼育している犬を国家に献納・供出させるよう通達することになった。通達には町会・隣組等を通じて地域の末端にまで徹底をはかることが求められており、各地で半強制的な犬の献納・供出が行われた。この通牒は、犬のみを対象としたものであったが、猫が献納・供出の対象とされた地域も存在した。処分された猫は、一九四四年度北海道だけで四万五〇〇〇匹にのぼったという（雪印乳業史編纂委員会編『雪印乳業史』一、雪印乳業、一九六〇年）。全国で果たしてどれだけの猫が集められたのかはよくわからない。

●犬猫供出の掘り起こし

この猫や犬の供出運動については、戦後長らく語られることなく、ほとんど忘れ去られた状況になっていたが、一九八〇年代に上村英明『ワンニャン探偵団』（ポプラ社、一九八四年）がその事実を掘り起こし、また近年、井上こみち『犬やねこが消えた』（学習研究社、二〇〇八年）も、聞き取り調査などによって、これまで不明だった実態を多く明らかにした。その後、井上の本にも協力した西田秀子が、前述の学術論文で公文書などを丹念に調べ、その実施の過程に詳しく迫った。また新聞などでこの供出・献納が取り上げられることも近年では増えてきた。

そうした掘り起こしの進展によって、猫を手放した側、そして猫の撲殺に関わった側など、さまざまな立場の人々の証言が集められた。例えば、撲殺に関わった人の証言では、多数の猫が撲殺されまいと木の上に逃げて震えており、その風景はさながら「ねこの木」が出現し大きく震えているようであったというものがある。あまりの光景に、その人物はショックのあまりその場に倒れてしまった（前掲井上こみち『犬やねこが消えた』）。札幌では、猫が水の汲まれたドラム缶のなかに沈められて殺された様子を目撃した人がおり、また静岡では、飼い猫をどうしても供出したくないために、代わりに捨て猫を捕まえて差し出したといった体験談が残されている（青木政子「戦時下悲劇の犬猫たち」『猫』一九八四年夏至号）。猫を差し出した人々は、自分の愛する猫を守れなかったとして戦後長らく自分を責め続けた。また猫を撲殺する仕事を引き受けた人のなかにも、その時の光景が忘れられず、心のなかに悔いを抱えつづけた人がいた。

●恣意的な献納・供出のあり方

なお、この猫や犬の献納・供出実施状況は、猫と犬との差や地域的な差が非常に大きい。まず猫よりも圧倒的に犬の方が多くの地域で供出が命じられており（政府からの通牒が犬のみを対象としたものであったため）、そして同じ犬でも地域によって実施度合いに差があった。例えばある人物の証言では、東京では自発的な供出を求めるのみであったものが、疎開先の福島県では全部出せと命令され、「末端の役場までくると、このように強制的になるのか」と感じたとされている（池田ゆき子「犬を連れて」暮しの手帖編『戦争中の暮らしの記録』暮しの手帖社、一九六九年）。

献納・供出を必要とする理由も、毛皮ばかりではなかった。大阪府豊中市では空襲の時に興奮して人に危害を加えるからという理由で犬の回収が行われた。また中野区鷺宮で一九四四年（昭和一九）一一月一六日に回覧された回覧板にも、「北九州爆撃下畜犬の発狂事実」が理由とされ、毛皮の必要性には一切触れられていない。なお、この北九州の爆撃の際に飼い犬が発狂したという事実が本当にあったのかどうかも確認できない（前掲上村英明『ワンニャン探偵団』）。このほか八王子市では「犬の特攻隊」をつくるためとして供出を求めるビラが配布されている（八王子市郷土資料館所蔵）。軍需省と厚生省の出した通達でも、毛皮増産、狂犬病根絶、空襲時の危害除去という三つの理由が挙げられており、そのため末端ではさまざまな理由が語られることになったのである。また強制的な献納か、金銭で買い上げる供出かについても地域による違いが見られる。

『ワンニャン探偵団』の著者らが証言を集めた際には、猫を供出したという体験談は北海道からばかり届いたという。実際には他の地域でも行われていた例はあるが、犬に比べるとその実施地域は相当に少なかったようで、例えば鹿児島在住で、自己の体験に基づいて犬の供出を描いた椋鳩十の絵本『マヤの一生』でも、猫は最後まで無事である。戦時中に猫を飼い続けた記録も多く、例えば英文学者の福原麟太郎は、一九三一年からタマという猫を飼い、戦後まで一七年間生きたという。福原は一九四五年春に建物疎開で家を壊され、世田谷の友人の家に猫を連れて引っ越したが、その時の様子を次のように描いている。

猫も亦《また》バスケットへ入れられてそちらへ疎開したわけであつたが、猫をつれてあるくといつて笑われた。私はほんとにそんなにおかしいかしらと思つて、道をゆく人々を注意していたが、なるほど滅多《めった》にない。四月なかばの大空襲におびえて、市外へ市外へと流れ出る人々の群の中に、息子が荷車をひき、親爺が後を押し、おかみさんが横を守つてゆく、その懐に、らくらくとうずくまつている一匹の仔猫を発見した時、私は始めて味方を得たと思つた。だから、世田谷から旧市内の今の住居に移るときも、猫はふたたびバスケットにいれられ、荷物の車の一隅にくくりつけられて来たものだ。

行き交う人々は猫を連れている姿を見て笑うなど、殺伐とした雰囲気もない。ただ、猫を連れている人がめったにいないというのは、逆に猫を置いてきてしまう人が多かったということも示している（福原麟太郎『猫』宝文館、一九五一年）。同じく東京に住んでいた白根喜美子は、「いよいよ戦争も東京空襲ということになり、愛犬は皆各家庭から涙ながら引出され悲しい話を聞くようになり、いつかは猫にまで及ぶかと日夜気にしていたが、あり難いことには猫までには及ばなかった」と語っている（白根喜美子「猫」『愛犬の友』一九五八年七月号）。また別の人物は、猫を飼っている実家（東京）の母から、向かいのおばさんの家の犬がふろしきをかぶせられ泣く泣く連れて行かれたことを知らせ、「うちのサー子はねこでよかったよ」と書かれた手紙を受け取ったことを記している（田部トシ子「四〇年経って」『猫』一九八三年立冬号）。

●一九四二年の猫供出

猫については献納・供出が実施されなかった地域が多い一方、一九四二年（昭和一七）という早い時期に猫の供出をさせられたという証言も存在する。岡山県讃甘《さのも》村（現美作市）の当時国民学校三年生だった女性が、一九四二年夏、役場からの「猫の供出」指示により、小さい頃から一緒に過ごして来た老猫タマを供出したというものである。役場の人間は「氷点下四〇度にもなるアッツ島を守る兵隊さんのコートの裏毛になる。お国の役に立つめでたいことだ」と話していたという。女性は、タマが可哀そうで、山に隠そうと母親に懇願したが、母親は「そんなことをしたら憲兵に取り締まられる」と恐れ、言われる通りに供出してしまった。あとでそのことを聞いた女性は神社の裏で大声で泣いたという。以降毎年夏になるたび、女性は、うちの猫はどうなったのだろう、毛皮になったのだろうかと思い出したという。なお、この女性の父親は徴兵検査の結果により召集されておらず、そのことで、普段から肩身の狭い思いをしており、そうした周囲への負い目や、権力の怖さから、愛する猫を差し出してしまったのだという（「私の猫『毎日』二〇一二年八月三日、「戦争中、タマは毛皮になったのか」『毎日』二〇一五年八月一二日）。

北海道での猫の供出も、もとはといえば行政協議会の席上での、海軍首席監督官の思い付きのような一言から始まったものであった。猫の供出に関して言えば、国が一律に命じたこともなく、地域ごとに恣意的に行われたり行われなかったりしていたことは間違いない事実であり、はたしてこのような供出が本当に必要だったのかという疑問を感じざるをえない。

●非合理的な施策

もちろん、当時、毛皮をはじめとする衣料の不足が生じていたことは事実である。ただし、中国東北部など寒冷地では、日米開戦とともに部隊の多くが南方に転出させられており、当時さほどの需要があったとは考えられない。他方で需要があったのは航空用防寒衣料であった。日本の航空機生産数は一九四二年（昭和一七）の八八六一機から翌四三年の一万六六九三機、さらに四四年の二万八一八〇機へと増えており、その搭乗員のための防寒衣料の増産は確かに必要であった。実際に犬の毛皮が使われたコートなども発見され、袖外套の脇回りに猫の毛が使用されているも

28＝「壮図へのぼる朝の一とゝきを愛猫と戯れあそぶ我が海の若鷲」（『同盟写真特報』1942年10月8日〈1906号〉，〈公財〉新聞通信調査会蔵）
1942年頃にはまだ愛猫愛犬をこのように取り上げる余裕があった．

のも見つかっている（前掲西田秀子論文。ただし一般から献納・供出されたものかはわからない）。しかし、その一方で個人の所有する古い毛皮などの献納は行われてはいない。衣料の配給切符の献納こそ行われはしたが、それはあくまで節約の範囲内であった。古着の献納は、愛国婦人会が一度運動を提起したが、ほとんど実行されなかった。

さらに、そもそもの物資不足の原因自体が、政府の政策的誤りに起因する部分も大きかった。すなわち、公定価格が不当に安く設定されているため、毛皮を闇に流すものが後を絶たないという原因があった。ウサギ皮については、前述したように、食糧不足のなか食用に屠殺してしまうものが相次いでいたが、これも公定価格が低いことに遠因があり、また飼育にあたる農村の婦女子や国民学校生徒が勤労動員されたことによって生産・出荷数が減るという側面もあった（前掲『雪印乳業史』一）。

その上、北海道の事例をみるに、皮の供出量の計算は、必ずしも軍需量の綿密な計算に基づいたものではなく、猫の場合、全道飼育数（一五万二九五五匹）の約半数を目標にするというきわめて大雑把なものであった（前掲西田秀子論文）。終戦時の札幌被服廠には大量の物資の在庫があり、八月一五日時点で防寒外套八六〇七着、ウサギ毛皮約一七万五〇〇〇枚が備蓄されていた（防衛省防衛研究所所蔵『昭和二十年度戦用被服出納簿　札幌陸軍被服支廠』）。他の地域も含めれば相当量の備蓄があったと思われる。

また殺された犬については、皮にされずどこかに埋めて捨てられたという噂が、当時から出回っていた（前掲上村英明『ワンニャン探偵団』）。また警察署の裏に犬の毛皮が山積みになっていたという証言がいくつもある（川西玲子『戦時下の日本犬』蒼天社出版、二〇一八年）。東京都内の供出作業に関わった元警察官の男性は、戦後すぐに処分したと話し、また近所の山中で大量の犬の死体を見たと証言した栃木県の男性もいる（前掲「戦争中、タマは毛皮になったのか」）。

そもそも毛皮が必要だというのであれば、然るべき手段を整えて養殖するのが本来のあり方である。国民の飼育している猫や犬を場当たり的に供出させれば、再生産はできず、そのうち資源は尽きてしまう。猫や犬の供出・献納は、以上のさまざまな観点から考えて、相当に非合理的なものであったことは間違いない。そうしたさまざまな非合理を押し付けられたのが、猫や犬であり、その飼い主であった。

とはいえ、国家の観点からすれば、非合理だからこそ、それを乗り越えて戦争に協力させることに意味があったとも考えられる。苦しい戦時下の生活のなかで、人々の不満は高まり、また他人に対する監視や密告も横行していた。雑誌『日本犬』に筆を執っていた石川忠義は、食糧難を理由に畜犬撲殺を主張する議論に対して、飼い主はそのために特別な配給を受けているわけでもなく、自分の食べ物を節約して与えているのであり、犬を殺しても配給量が増えるわけではないと述べ、「かゝる世間一部の批難は、戦時下に次第に緊迫し来る生活に、神経質となり他人の生活を、自己の生活感情と同一のもとに律しやうとする我儘《わがまま》と、ゆとりあるこゝろのひろさを失つた人々の、おせつかいから出るものであらう」と批判している（石川忠義「畜犬撲殺」『日本犬』一二―六、一九四三年）。こうした殺伐とした空気のなかで、国への貢献度の誇示、民心の引き締め、不満のはけ口などさまざまな複合的な目的のもと、このような非合理なことが行われるに至ったのであろう。

なお、猫皮使用は終戦によってすぐに終わったのではなく、戦後一九四六年度にも、北海道では一万八二七枚の毛皮が生産されている（前掲『雪印乳業史』一）。この毛皮が供出の継続によるものか、それとも別の手段で集められたものなのかはよくわからない。

●戦時中の猫

それでは、供出が行われなかった地域では、猫は平穏に暮らせたのだろうか。作家の島木健作は、小説「黒猫」のなかで、「この二三年来、家のまはりをうろ〳〵する犬や猫が目立つてふえて来た。人間の食糧事情が及ぼした影響の一つであることはいふまでもない。生れながらの宿なしもあるが、最近まで主人持ちであつたといふものも多い。彼らは実にひどく尾羽うち枯らしてゐる。曽《か》つて主人持ちであつたものがことにひどい。〔中略〕彼等はゴミためを漁りにやつて来るが、もはやそのゴミためといふものさへも人間の家にはないのである」と書いている。先に引用した福原麟太郎のように疎開先まで連れて行く例はむしろ少数で、猫や犬を捨てる人が多かった。

なおこの「黒猫」は、夜中に食べ物を盗ろうと侵入する黒猫の立てる物音がうるさいからと、島木の母親が猫を捕らえて殺すまでの経緯を描いたものである。島木は、この堂々とした風格を持つ黒猫を許してほしかったが、戦時下の苦しく殺伐とした雰囲気のなかで、「食物を狙ふ猫と人間との関係も、愛嬌のない争ひに転化して来てゐることを残念ながら認めないわけにはいかなかつた。何か取られても昔のやうに笑つてすましてゐることが出来難くなつて来てゐた。〔中略〕病人の私が黒猫の野良猫ぶりが気に入つたからなどと、持ち出せる余地はない」として、助命嘆願を断念する。この作品は、黒猫のように堂々と自立して生きようとするものが潰され、卑屈で媚び諂《へつら》う人間のみがあふれる同時代の状況を諷した文章でもあり、はたして本当にこの通りの黒猫がいたのかどうかはわからない。とはいえ、ここに描かれたような、戦時期の空気の変化と、そのなかでの猫の扱いの変化は、島木自身が肌で感じ取っていたものだと考えられる（島木健作「黒猫」『新潮』一九四五年一一月号）。

戦時期に野良猫が増えたという証言は他にもあり、同時代の記録として「大東亜戦争となつてからは、食糧も自由主義から統制的緊縮主義に入つたので、猫族にも、当然それが影響し、余程必要か、熱愛しない限り、猫を飼はなくなつたから、野良猫がなかなか増えてきた」「昔は、猫捕りを見かけたが、最近は余り噂を聞かない〔中略〕もっとい い商売があるからであらう」というものがある。なおこの文章の筆者の家の近くには公設・私設の市場があって食糧品を取り扱う店が沢山あり、またネズミも多く猫好きが大分いたというので、食にありつけることから野良猫も集っていたようである（井東憲「群猫図」『動物文学』八九、一九四三年）。

●食糧不足と猫

農村部でも捨て猫は増えたようである。戦時中、農村に疎開していた政治評論家の阿部真之助によれば、かつてその村では野ネズミ対策のために、猫の子が生まれても貰い手に困ることはなかったが、戦時中のある時から、それまで猫に与えていた食糧をヤミで売る方が得だと考える人が出て来た結果、それまでいなかった野良猫が現れるようになったと述べている。阿部自身、都会からの疎開者で寄生する身であったこともあり、余剰食糧のないなか栄養失調に陥って身体中に変な腫物ができるような状況であったというが、「それでもこの野良猫と私たちを比較すると、猫が私たちより、遥かに腹を減らしていた模様だつた」と語っている（阿部真之助「猫のアパート」『文芸春秋』一九五一年一二月号）。

また幸いにして捨てられることなく飼われ続けた猫であっても、「戦争中かぼちゃの好きな猫がいた。またうどん、すいとんなど粉製品しか食べないものもいた、ヒトもそれが主食の時代であった」（岩田万里子ほか『猫の環』日本猫愛好会、一九八三年）というように、平時なら考えられないような食生活を送らざるをえなかった。

このような食生活のなかで、一時増えた野良猫は、その後数が激減していったようである。一九三八年（昭和一三）

生まれで、東京・中野で育ったという詩人の清水哲男は、著書『猫に踏まれた詩』（出窓社、一九九八年）のなかで、自分は幼児期、街中で猫を見たことがなかったと語っている。清水自身はその理由を、食糧難のなかで人間が猫を食べてしまったからに違いない、としている。はたして猫を食べた事例がどれだけあるかは別にしても（これについては次章で触れる）、食糧難のなかで猫そのものが激減した地域は多かったようである。名古屋でも「焼野原の名古屋も人間が食うに一杯でネコも犬もいなかった」という証言がある（土屋英麿「東京の猫、名古屋の猫、大阪の猫」『猫』一九七二年三月・四月合併号）。特に都市部では猫が急激に減少していった。

●戦火の下の猫

直接戦火で苦しんだ猫も多かった。ある少女は、一九四五年の一月末、学校帰りに、建物疎開で空地となった場所で、黒白ブチの猫を拾った。おそらく立ち退きさせられた家族が捨てて行ったものであった。食糧事情もあり、同居する祖母はなかなか飼うことを許してくれなかったが、少女は物置で猫とともにハンストを行って、ついに許された。しかし三月一〇日の東京大空襲の日、未明に防空警報のサイレンで目覚めた少女は、「タマ」と名付けたその猫が蒲団のなかですやすやと寝ていたため、この寒いなか外に連れ出すのも可哀想だと思い、またそれまでいつもすぐに警報が解除されていたこともあり、大丈夫だろうと猫を残して防空壕に入ってしまった。しかしこの日は、たちまち轟音がなりひびき、焼夷弾のなかを逃げ惑う羽目になり、猫とはそれっきりであったという。この少女は「あの時、迷わず抱いて出ていたら…と、戦後三五年経った今も、悔やんでいるのです」とのちに振り返っている（鯉沼三子「戦争と猫」『猫』一九八〇年立冬号）。戦時中に猫と一緒に防空壕に入ったと回想する手記は多いが、例えば「猫アサコを抱えて〔防空壕に〕はいるのが一苦労。連れても逃げてしまう。〔中略〕或る時は火の中をアサコを抱いて逃げようとしたがとても手におえなかったが、その時も家は助かり、家の中で猫等は平然としていつもと変らずに寝ているのには驚ろいた」(白根喜美子「猫」『愛犬の友』一九五八年七月号)という回想のように、防空壕に連れても猫が逃げてしまったり、そのまま生き別れになった例も多かったと思われる。

また、当時築地に住んでいた女優・日本舞踊家の市川翠扇《すいせん》(三世)は、三月一〇日の東京大空襲の際、地域で唯一焼け残った築地《つきじ》小学校の敷地で、「空地という空地、校舎の窓から屋根、教室の中にいたるまで、何千という猫が、鈴なりに――という形容がふさわしいほど、ところせましと群れていたのです」「燃えつきた築地一帯ばかりでなく、銀座、入船町、明石町あたりからも、炎を逃れて集まってきたものでしょうか」という証言を残している。

猫は炎を見るとその中に飛び込んでしまうこともあるといわれるが、実際、飼い猫が燃え盛る家のなかにまっしぐらに飛び込んでいくのを目撃した人もいる(杉本治子「空襲の夜の猫」『動物文学』一二九、一九五五年)。空襲の火に焼かれたり、煙を吸い込んで死んでしまった猫も多かった。築地小学校の猫たちは、幸いにも空襲から逃げることができたのであったが、しかしこれらの猫たちも、その後どうなったかはわからない。翠扇は「築地小学校に集まった猫たちのほとんどは、絶望的な飢えの中で死に絶えていったものと思われます。人間自身が、食糧難にあえいでいた時代ですし、見渡すかぎり焼土となった東京では、迷い猫として生き残った猫たちが、食べられるものをあさることはむずかしかったでしょう」と述べている。翠扇自身、自宅で飼っていた猫に似た猫をこの小学校で見かけながら、母に「猫なんかに、かまっていられません」と言われ、それ以上どうすることもできなかったという(市川翠扇『猫と私の対話』海潮社、一九七二年)。

●戦地・植民地の猫

なお、戦争に出征した兵隊のなかには部隊の滞在した土地で出会った猫をペットのようにかわいがった者もいた。しかし多くの場合、部隊の移動とともに、猫とは別れなくてはならなかった。他方、食糧不足の中で、戦地で猫を捕まえて食べた部隊もあった。

また植民地や占領地で暮らしていた人々の中にも、猫をはじめとする動物をペットとして飼っていた人も多かった。しかし敗戦後の引き揚げのなかで、ほとんどの場合、ペットは現地に置いて来なくてはならなかった。それらペットがその後どうなったかは引き揚げて来た誰にもわからなかった。現地で、現地人に飼われて生きながらえた猫もいれば、寒さや飢えに斃れた猫も多かったことだろう。

ただし、連れて帰ることができた例がなかったわけではない。戦後指宿温泉のあるホテルの支配人となった人物が、戦時中に上海で猫を飼っていたが、その猫はよくしつけられ、外から家に入るときには戸口の雑巾で足をこすってから入り、また新聞を咥えて持ってくるほどの賢い猫であったという。そのため引き揚げの際には置いてくるに忍びなく、近所の人々の協力もあって、持ち物検査の際に猫をリレーして検査員の目を逃れ、また鳴き声が出てしまった際には赤ん坊をわざと泣かせてその音でごまかすなどの作戦を経て持ち帰ることに成功した。この猫は帰国後二年生き、当時としては長命の一〇歳前後で死んだという（金崎肇『ねこネコ人間』創造社、一九七三年）。ただしこれは本当に稀な例であり、同じように連れて帰ろうとして発覚、泣く泣く別れざるを得なかった例も多かったのではないかと思われる。

このように、戦争は、人間と猫の間に、数多くの悲劇を生んだのであった。

第五章　猫の戦後復興と高度成長――猫の「ベビーブーム」――

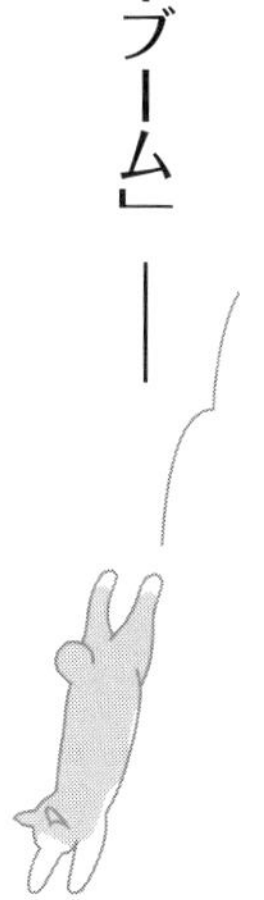

1　「猫食い」の密行から戦後復興へ

●猫のいない焼け跡

一九四五年（昭和二〇）夏、人間にも猫にも大きな惨禍をもたらした戦争は終わった。猫は戦時中に大きく数を減らしていたが、戦後もしばらくは数が少ないままであった。当時猫を飼っていたある人物は、「終戦後の事、私の住む町もまだ防空壕住いの人も沢山あり、いも、トマト、茄子、きゅうりと空き地さえあれば何でも植えていて、当り一面広々とした時代でした。猫の数もうんと少く、（自分の飼い猫が）お目あての彼女を探すのも一苦労だったと思います」（黒田昭子『猫つれづれ草』日本猫愛好会、一九八二年）と回想している。また一九四六年に子ども向け雑誌に掲載された小説では、疎開先の田舎から東京に戻ってきた親子が、東京の親戚の家で猫をみて「へーえ。東京にも、まだ猫がゐたんだね」と驚くシーンが出てくる。当時東京に猫がほとんどいない、という認識が一般的だったことを示すものであろう（及川甚吉「東京の猫」『少国民の友』一九四六年五月号）。

一九四八年二月に東京で大豆粉による中毒事件が起こり、原因追及のために動物実験を行おうとしたところ、実験に使う猫が手に入らず、ついには一〇〇円で買い上げる広告を出すに至るということもあった。同月のビール大瓶一本の価格が七円という物価水準であったので、その一四倍以上であるが、しかし結局それでも猫はほとんど集まらなかったという（「猫百円で買います」『時事新聞』一九四八年二月二六日）。野良猫が豊富にいれば、金目当てにそれを捕まえる人が現れたはずで、これもまた当時の東京で猫が減っていたことを示すエピソードであろう。

●食糧不足のなかで

この時期、戦時中に引き続いて、「人間でさえ禄《ろく》な物食べられなかった時代で、トラ（猫の名）も殆んど味噌汁かけた御飯は良い方で、悪い時はトーモロコシの粉で作ったパンを噛《かじ》らされるなんて日もあった」（鯉沼三子『団地の猫』日本猫愛好会、一九七八年）というような回想が複数残っている。

戦中から戦後ほどない時期、物資不足のなか、靴の製造もままならず、擦り切れた靴底を直すこともできない人が続出し、みな「底から水のしみるのをがまんして」履いているような状況であった（暮しの手帖編『戦争中の暮らしの記録』暮しの手帖社、一九六九年）。そうしたなか、靴底にスルメを利用する人が現れ、履き心地はなかなかだったものの、スルメの匂いをかぎつけた猫や犬がまとわりついて来て困った、というようなエピソードもある（花輪莞爾『猫学入門』小沢書店、一九九七年）。

ただし、食糧事情が都会よりは豊かであった農村は、都会ほど悲惨な状況ではなかったようである。当時の少年雑誌に載っていた小説には、東京で子猫を拾ったが、食糧不足なので、仕方なく田舎に買い出しに行くついでに猫をお百姓さんに拾ってもらおうとする創作物語もある（江口榛一「ねこを捨てに」『小学三年』一九四九年五月号）。図29は「猫ノ世相」と題して当時の労働組合機関誌に載ったものだが（東武労組機関誌『進路』一九四七年六月特別号）、百姓の猫は白米を山盛り食べて太り、東京の猫は藷《いも》すいとんを食べて痩せている。農村は、都会に比べると食糧事情も比較的豊かで、猫の数も都会ほどは減っていなかっただろうと思われる。政治学者の石田雄《たけし》は、自分が飢えに苦しむなかで、当時水田地帯であった草加に住んでいた、丸山真男ゼミの友人の自宅に行った際、友人の家で飼っている猫が米の飯を食べていたのに仰天し、「この家の猫になりたいほどだ」と感じたという（石田雄『一身にして二生、一人にして両身』岩波書店、二〇〇六年)。

なおこの食糧難のなかで、少しでも多く配給を受けるために、すでに死亡した人や、飼い猫の名前を、隣組の証明書に書き加えて、多く配給を受けようとする人もいた。一九四五年(昭和二〇)一一月二八日の『朝日新聞』によれば、都内だけでその「幽霊人口」は四万人に上り、「ひどいのになると猫の名前を「木村タマ子」と人間名で名付けてゐるのもあつた」と報じられている(「一日八十四石平げる都の幽霊四万人　猫も人間にして登録」『朝日』一九四五年一一月二八日)。その一方、食糧難のなかで猫や犬を飼育する家庭に対し配給を後回しにする地域も存在した。「大阪の東淀川区方面の配給所では鶏や犬、猫を飼つてゐる家庭は余剰があるとみて〝配給あと廻し〟の宣告をされ、大いにあわてゝゐる」と報じられている(「犬のゐる家は後廻し」『九州タイムズ』一九四六年六月一六日)。

29＝「猫の世相」(東武労組機関誌『進路』1947年6月特別号)

●猫を食べる人々

戦時から戦後にかけての食糧難のなかで、猫を食べる人も存在した。この時期猫の数が減少したことは前述したが、猫を食べる人々の存在もその一因となっていた可能性もある。

そもそも、猫を食べる行為は江戸期から一部で行われており、江戸時代の複数の書物に薬としての猫食の効能が書いてあったりもする。猫が持つと考えられていた魔力や霊性のイメージと結びついたものであったと考えられる。明治になると、こうした薬物としての摂取はなくなるが、通常の食としての猫食いは行われた。例えば西南戦争で熊本城に籠城した官軍は食糧に困って猫を食べたというし、夏目漱石『吾輩は猫である』にも、主人公の猫が、書生というやつは人間中で一番野蛮な種族であって、我々（猫）を捕えて煮て食うそうだ、と述べるシーンがある。昭和初期に書かれたある随筆には、「〔猫を食べることは〕貧民階級や或る地方に行けばそんなに珍しい事でも何んでもない」とも書かれている。特に、戦前期、京浜国道では猫の死体を拾っては食べている失業者がいたという。また、東北地方でも猫の通り道に罠をしかけて泥棒猫を捕まえ、それを食べる者もいたという（秋田徳造「夏目漱石の『猫』と食物」『栄養の日本』一九三八年六月号）。

猫を使った郷土料理も存在する。例えば岐阜県吉城郡船津町（現飛驒市）には「猫を調理して、その肉を細かく刻み、飯に炊きこんだもの」や「猫鍋」が郷土料理として存在し、後者は「葱その他野菜と一緒に煮ながら食べるので、なかなか淡白な味がするもので、一寸《ちょっと》かしわ〔鶏肉〕に似た味がある」とされている（時任為文「鳥飯とオシヤマス鍋」『飛驒白川郷異聞』郷土資料調査会、一九三三年）。猫の鍋料理は「おしゃます鍋」とも呼ばれることが多いが、江戸期から伝わる俗謡「猫じゃ猫じゃ（猫の踊り）」の「猫じゃ猫じゃとおしゃますが」の歌詞から来たものである。また沖縄には「マヤーのウシル」（猫のお汁）という猫のスープ料理があり、肋膜、気管支炎、肺病、痔などによいとされ、他にも猫の肉を使った薬効料理は多い（渡口初美『沖縄の食養生料理』国際料理学院、一九七九年）。一般に猫の料理は滋養強壮・精力増強に良いとされることが多かったようである。

●『いのちの初夜』の猫食い

ハンセン病で入院し、一九三七年に二三歳の若さで亡くなった作家の北条民雄が、自身の体験をもとに執筆した小説『いのちの初夜』のなかにも、病院の仲間と猫を捕まえて食べる記録が残されている。砂糖と醬油で煮ただけでも「ばかにならない美味さ」で、「牛や馬や豚などと異つて歯切れもよく、兎の肉に似通つた美味しさで」「兎のやうに歯切れが良く何よりも脂の少い〔中略〕これなら歯の悪い老人にも向くぞと、その席上で話合つたほどである」と北条は述べている（北条民雄「猫料理」『いのちの初夜』創元社、一九三六年）。ただし猫肉の歯切れについては、「私も学生のころ、仲間に乱暴な男がいて、猫を叩きころし、その肉をくわされたことがある。猫のスキ焼きであった。やたらにアワが出るし、歯ぎれがわるかったことをおぼえている」（木田雅三『性を強くする法』三洋出版社、一九六一年）というように、歯切れが良くないとする証言も多い。猫肉は「岡鰒《おかふぐ》」とも呼ばれたが、「肉がもたもたして噛切り難い点が、河豚《ふぐ》に似ているのと、猫肉は水晶の如く美しく一見河豚に似ているのでこの名がある」とされている（多田鉄之助『媚味善哉』北辰堂、一九五七年）。

北条民雄は「気色が悪いからと云つて今までこんな美味いものを食はなかつた人間といふものは随分ばかげたものである」「猫料理は今後大いに社会人の間にも行はれて良い」とまで述べているが（前掲北条民雄「猫料理」）、この言葉とは裏腹に、戦後四社から相次いで復刊された『いのちの初夜』からは、いずれの版においても、この「猫料理」の話は削られてしまっている。

他方で、化け猫や猫の祟りといった考えから、猫を食べることを気味悪く思う人も多く、「だいたい猫は化けて出るといわれており、執念ぶかい動物とされているから、あまり、よろこんで食べるひとはいない」とされ（前掲『性を強くする法』）、あの人は猫を食べたために死んだのだ、不幸になったのだ、というような噂もしばしば出回った。

以上のように、戦前の日本で猫食いは一部で行われていたものの、それは一般家庭で日常的に行われていたものではなく、食べるものに困った人が食べるか、あるいは特定の地域の郷土料理または精力剤として食べられることがある、という程度のものであった。

●戦時の猫食い

しかし戦争による食糧難は、より多くの人に猫肉を口にさせることになった。ただし、それは多くの場合、秘密裏に行われた。つまり、業者が猫の肉であることを隠して販売したり、あるいは、プライベートな場において、他人に公言することなく食べたのである。したがってこうした行為が史料に残ることは少ない。

偽装販売事例としては、一九四一年（昭和一六）九月に、長野県上田市の業者が、猫や犬の肉をハムやソーセージに加工し、また生肉を牛肉と偽って売り、逮捕されている。この業者は東京や神奈川の肉類業者と結託し、一府七県にまたがり販売ルートを構築、格安の値段で販売し大きな儲けをあげていた。帝国ホテル・第一ホテル・精養軒・雅叙園・ニューグランド・晩翠軒・ニュートーキョー・不二家・銀座パレス・須田町食堂といった、一流のホテルやレストランにも納品されており、相当多くの人の口に入ったものと推察される（「犬猫の肉を売る」『朝日』一九四一年九月二三日）。このような行為は他にも行われていたであろう。

個人経営の食堂などでも猫や犬の肉をひそかに用いる事例はあった。例えば、戦争末期、休業中の洋食屋でひそかに串カツを出している店があると聞き、父と一緒にさっそくその店へ行き、必ずしも安くない値段で久しぶりに串カツを沢山食べたが、食後、父親が便所へ行こうとして間違えて調理場の方に入ってしまい、そこでゴミ箱のなかに、何十もの猫と思しき頭蓋骨が入れられているのを見てしまったという証言がある（相沢数生「猫を食う」『鶏友』六六七、一九九三年）。

随筆家の佐藤垢石《こうせき》は、一九四四年三月、疎開で故郷へ帰ったが、肉類の配給がないため、イナゴを捕って食べていた。すると、佐藤の老友が、そんなものを食べるなら、もっといいものがある、と猫の肉を勧めた。佐藤の妻は、「十代も、二十代も祟る」「怖ろしい」と反対したが、餓死しては元も子もないということで、結局食べることにした。友人が持ってきた猫の生肉は「若鶏の肉にも似てゐるが、鰒の刺身のやう」な見た目であった。最初すき焼きにして味噌を落として食べてみたところ、臭みがあり今ひとつだったので、「鍋に入れ水から蕩《ゆ》でゝ、くさみを去るために、杉箸二本を入れて共に鍋に入れる。沸《たぎ》つたならば、目笊《めざる》に受けて、水にて洗う。別の鍋に、里芋の茎、ほうれん草を少々入れたすまし汁を作つて置いて、それに蕩でた猫肉を加へ、再び火にかけて沸つたところを碗に分け、橙酢を落して味ふたところ、これはひどく珍味であつた。汁面に、細やかなる脂肪泛《う》き、肉はやはらかくて鮒《ふな》の肉に似て甘い。味は濃膩《のうじ》にして、羊肉に近い風趣がある」と書いている（佐藤垢石「岡鮍談」『続たぬき汁』星書房、一九四六年）。

余談だが、猫好きであった作家の豊島与志雄《とよしまよしお》は、この記事を書いた佐藤に対して、猫の肉は本当においしいかと尋ね、佐藤が「ほんとうにおいしい。素晴らしい」と答えると、「それは、悲しい」「貴公が猫の刺身はおいしいなどと書くと、世に猫食が流行して、ついに吾が家の猫も猫食党に捕われ、その胃中に葬られてしまうのではないかと心配でたまらない」と答えたという（佐藤垢石『河童のへそ』要書房、一九五二年）。

●戦後の猫食い

戦後もこうした猫食いは止むどころか、より広がりを見せたようである。戦地・植民地から多くの人が引き揚げてきたが、その中には戦地で飢えをしのぐべく猫を食べた経験のある兵士が少なからずいた。また食糧不足が深刻さを増し、闇市が大手を振って賑わい始めたことを背景に、猫や犬の肉が他の獣肉と偽って販売されることが横行していた。「最近広島市某方面で相当多量の牛肉を安価に売捌いたので、奥様方はホクホクではよかつたが、さて牛肉を鍋に入れてぐつぐつ煮ながら、かきまぜてゐると、ヒヨイと出て来たのがなんと猫の耳。肝を潰した奥様、早速警察へご注進におよんだが、さてはどうも近ごろ猫や犬の姿を見かけなくなつたと思つてゐた」（「波」『中国新聞』一九四六年五月二一日）というような記事が存在する。

当時、戦争で住む家を失って公園や駅などに寝泊まりする人も多かったが、大分県別府市では、公園にたむろするこうした人々が猫を食べてしまうために、猫を飼っている人が猫に紐をつけて縛り外に出ないようにしていたという目撃証言もある（松井明夫「九州の旅から」『棋道』一九四七年三月号）。また長崎県では、牛肉不足はドコ吹く風、人々が猫を「庭うさぎ」と呼んで食べることが流行し、人々が美味に酔いしれているという記事が新聞で報道されている（「牛肉不足もドコ吹く風」『長崎民友』一九四八年五月五日）。政治学者の橋川文三も、戦後の食糧難の時期に、猫鍋や犬鍋を友人と一緒に食べていたという（神島二郎ほか「座談会若き日の橋川文三」『思想の科学』一九八四年六月臨時増刊号）。

●猫肉混入の噂

戦後の混乱期、闇市で流通する肉には得体の知れないものが含まれており、自分も気づかないうちに猫や犬を食べたかもしれない、という疑念は、当時の人々に広く共有されていた。そのことは、その後もさまざまな噂となって残り続けた。

二十数年後、オイルショックの時期になって、ファーストフード店のハンバーガーに猫の肉が入っているというデマが広まり、東京都衛生局に電話が殺到、なかにはアメリカの本部にまで問い合わせる者が出る大騒動が起きる（「一大デマ「M社のハンバーガーに猫の肉が入っている」の伝わり方」『週刊文春』一九七三年一二月二四日号）。この時期に、このようなデマが広がった背景には、経営者も料理人もどこの誰だかわからないチェーン店が急速に拡大してきたことへの不安が一つの背景としてあったと思われる。実際、世界中で似たような噂が同時期広まっていた。ただし、世界的にはミミズの肉の混入という噂が多かった（一説にはミンチにされたひき肉とミミズが似ているためと言われる）。しかし、日本では猫の肉の混入とされた点に大きな特色があった。猫肉の噂が広まった理由の一つには、人々の真相意識のなかに、戦後の混乱期に自分も猫の肉を食べたかもしれないという記憶が、リアリティをもって残っていたことがあったのではないかと考えられる。

●洋猫の移入

以上のように食べられてしまう猫が存在する一方で、同じ時期に、大事に室内で飼われる猫が、外国から数多くやってきていた。進駐軍の家族などが持ち込んだシャム猫やペルシャ猫をはじめとする「洋猫」である。シャムもペルシャもアジアの地名ではあるが、これらのいわゆる「純血種」は、欧米のブリーダー経由で入ってきたために「洋猫」と呼ばれる。

これらの猫は明治期からすでに日本に入ってきており、たとえば青木周蔵や桂太郎などもシャム猫を飼育していたと言われ、昭和に入ってからも、軍人の斎藤実《まこと》や東条英機、作家の大佛次郎《おさらぎじろう》などがシャム猫を飼っていた。また前章で触れた、福原麟太郎が疎開先に連れて行った猫はペルシャ猫で、このほか作家の谷崎潤一郎、官僚の白根松介《しらねまつすけ》・喜美子夫婦なども戦前からペルシャ猫を飼育していた。ちなみに、東条英機はもともと猫が嫌いだったようだが、一九四一年（昭和一六）頃、人からシャム猫を贈られて以来、一変して猫好きに変わったという。しかし、軍人が小さな猫などに心を動かされていると思われることを恥ずかしく思い、「表面は無関心を装いながら、目のまわるような多忙な官邸の出入りにも、一々、猫の様子を家人にたずね、また食物や飲み水にまで、こまかい注意を与え」ていたのだという（平岩米吉「猫の珍しい記録」『動物文学』一六九、一九六六年）。

ごく一部の人が飼っていた洋猫が、広範囲に広まっていくのは戦後のことである。当時アメリカではシャム猫飼育がブームとなっており、シャム猫を飼育している進駐軍の家庭はかなり多かった（のち基地のある座間にはアメリカのシャム猫団体であるアメリカン・シャミーズ・キャット・クラブ〈ＡＳＣＣ〉の日本支部も設立された）。そしてシャム猫は、進駐軍の知り合い、またその知り合いを通じて、日本人にも影響を与える。後述するように、一九五五年には日本シャム猫クラブが発足し、その後、一九六〇年代にはヒマラヤン・アビシニアン・アメリカンショートヘアなど、それまで日本にいなかった外国品種も多く移入されるようになっていく。

ただし、それでも一九五五年頃までは、東京の街猫のなかで外国品種を見ることは稀で、たまたま手綱をつけて散歩中のシャム猫を見た人が、「それは何ですか、犬ですか？　タヌキですか」と飼い主に質問することもあったという（柿内君子「シャム猫」『愛犬の友』一九五八年九月号）。

●猫の戦後復興

一九四八年（昭和二三）一一月に主食の配給の増配が行われ、翌四九年四月には野菜の統制が撤廃されるなど、食糧難はしだいに回復の兆しを見せるようになる。同年六月にはビアホールが解禁され、都内の飲食店も営業を再開する店が増えた。こうしたなかで、猫が急速に増えていく。人間のベビーブームに若干遅れて、猫にもベビーブームが訪れるのである。ただし人間との大きな違いは、それが必ずしも猫の幸福を意味しなかったこと、そして高度成長後まで、そのベビーブームが拡大し続けることである。

食糧事情の比較的よかった北海道では、一九四八年頃には早くも「近ごろ街路を歩くとどういうものか必ずといってもよいほど捨ネコが目に入る」といった新聞投書が見られる（「捨ネコ偶感」『北海道新聞』一九四八年九月二六日）。この投書者は「せめて人の目につかないところへ捨てるとか、生れたらすぐ水中へ浸して殺すとかしたらどんなものだろう。せめては動物愛護の気持が欲しい」とも述べている。現在の目線からは、どこが動物愛護なのかと感じるが、まだこのような意識を持つ人が多かった。

また東京でも一九五〇年七月には「ちかごろ捨犬、捨ネコがあちこちにあるときく。〔中略〕小さい動物の餓死している残酷な様子がいたるところで子供達の目にふれることのおそろしさを私は思う」（「捨犬と捨ネコ」『朝日』一九五〇年七月二七日）というような投書が見られるようになっていた。

また、捨てるのではなく、生まれた猫を殺してしまうことも、多く行われた。例えば猫好きとして知られる木村荘八の日記「以筆帖」には、一九四九年四月二〇日の記事として、「最近家では、猫が相次いで子を生んで、ブー四匹、メック四匹といふ工合に生れたが、その中五匹は先づ片付けて了ひ（殺してしまい）、あと三匹ゐたのに、今日迄に三匹共、戦犯といふドラ猫に食はれて了つた。そしてその戦犯猫は今日格闘の末に僕が殺して了つた」とある（『木村荘八全集』第八巻、講談社、一九八三年）。また、子猫が野犬に噛み殺されることも非常に多かった。

捨て猫に関する新聞投書などから察するに、一九五〇年代のうちに猫は急速に増え、戦前以上の数に膨れ上がっていったように思われる。しかしそれは幼くして命を絶たれる猫や、人間に殺される猫の増加をも意味した。

●水俣病と猫

経済の復興は、人の生活を豊かにする一方で、国内の自然環境を破壊し汚染していく。そして、猫はその被害も受けることになる。水俣病は、戦後の公害病の代表的なものであるが、当初「猫踊り病」と言われたように、その被害を真っ先に受けたのは猫であった。猫の異常行動や異常死は、一九五〇年代初期から現れており、ある女性（のちに娘が罹患）は、海にびな貝やカキを取りにいくと、岩陰に何匹も猫が死んでいるのを目撃し、当初は「誰かネコイラズばやったばいなあ」と思ったという（原田正純『水俣・もう一つのカルテ』新曜社、一九八九年）。殺鼠剤で猫がよく死んだことは第三章で触れたが、それだと思ったというのである。

水俣病が公式に確認される直前の一九五三（昭和二八）〜五六年に、水俣湾周辺の九つの集落（一〇八戸）で飼育されていた一二一匹の猫のうち七四匹もの猫が斃死《へいし》した。特に、患者の発生した四〇戸に限ると、飼育数六一匹のうち五〇匹が死亡するという高い死亡率が見られた（有馬澄雄編『水俣病』青林舎、一九七九年）。水俣市月浦茂道などの部落では猫が絶滅したという（「あわれ水俣のネコ」『朝日』一九六八年九月九日）。

そしてこれらの公害病の原因が工場排水にあることが科学的に証明されたのも、猫に対する動物実験によってであった。熊本大学医学部や新日本窒素肥料（現チッソ）水俣工場附属病院などで、原因特定のための動物実験が行われたが、特に水俣工場附属病院長細川一らによって行われた「猫四〇〇号」実験はよく知られている。細川らは、一九五九年七月頃までには約三〇〇匹の猫実験を行い、化学工場の廃水が疑わしいという結論を得ていた。熊本大学が猫による実験結果により有機水銀を原因とする説を発表した後、細川もまた廃液を猫に投与する実験を開始した。

30 ＝水俣病の実験用の猫の檻（水俣病センター相思社にて著者撮影）

31 ＝水俣の猫の墓と実験猫の位牌（水俣病センター相思社にて著者撮影）
墓は後年建てられたもので水俣病で斃れた猫は埋葬されていない．位牌はもともと新日本窒素肥料水俣工場附属病院にあったもの．

これに使われたのが猫三九八号、猫四〇〇号という二匹の猫で、三九八号には塩化ビニール廃水を、四〇〇号にはアセトアルデヒド廃水を毎日二〇CCずつ投与した。三九八号は一一月三日に全身衰弱し翌四日に屠殺、他方猫四〇〇号は一〇月六日に水俣病の症状を発した（二四日に屠殺解剖）。その後、さらに九例の猫に対する同様の実験が行われ、全身衰弱した二例を除き、七例すべてに発症が見られ、ここに工場廃水が原因であることが判明したのである。細川は一九六二年三月に水俣工場附属病院を退職し、一九七〇年には水俣病裁判の証言人として法廷に立ち、猫四〇〇号実験を中心に証言を行うことになる（前掲有馬澄雄編『水俣病』）。

なおこの後、一九六〇年代の半ばに、第二の水俣病が新潟市阿賀野川流域で発見されるが、そこでも、その一〇年以上前から猫が典型的な水俣病の症状で狂死し、またその後の原因特定の調査のために、やはり多くの猫が実験に使われ、殺されることになった。

2　猫文化勃興と猫の社会問題化

●日本ネコの会・日本猫愛好会の成立

水俣病により猫が死に始めていた一九五〇年代半ば、東京では、猫好きの集まる団体が相次いで誕生した。最も早かったのは、一九五四年（昭和二九）七月七日に前田美千彦らによって設立された「日本ネコの会」である。同会は一九五七年から会報として『猫』（のち『ねこ』）を発行し始めた。同会はその後、創立者の前田美千彦と、詩人・画家の佐藤（佐伯）義郎ら会誌編集などを担っていた人々との間で対立が起こり、一九六三年に分裂。前者が会名を、後者が会員名簿を引き継ぐことになり、後者は金沢大学教員であった金崎肇を会長に日本猫愛好会という名前で活動を継続することになり、会誌『猫の会』（のち『猫』）を発行した。

32 = 日本猫愛好会の会誌と「ねこ文庫」シリーズ

以後二つの会が並立するが、会員の大部分は日本猫愛好会に所属し、また会誌編集の中心人物も後者に所属したことから、「会の分裂と言っても、マ（前田）氏が少数の人と出て行ったという感じ」（金崎肇「〝猫〟の発刊の頃の思い出」『猫』一九九四年立春号附録）で、組織として活動を引き継いだといえるのはむしろ後者の方であった。金崎・佐藤は従来から会報編輯に携わっていたため、会誌も日本猫愛好会の方が以前の形態を引き継いでおり、逆に日本ネコの会の会誌は分裂後は非常に簡素なものとなり、活動も次第に目立たなくなっていった。

他方、日本猫愛好会は、一九九八年（平成一〇）に解散するまで、会誌『猫』を三三四号まで三五年間にわたり発行、また「ねこ文庫」という名の日本最初の猫本シリーズを四四冊刊行するなど、着実に発展した（図32）。なお、一九六五年四月にこの「ねこ文庫」の一冊として発行された『猫写真集』は、会員が撮影したいわば素人写真ではあるが、日本最初の猫の写真集であり、同年五月の金崎肇『猫の百科事典』は、日本最初の猫の百科事典であった。いずれも自費出版で、後年の類書に比べれば簡素なものではあるが、当時は猫に関する

（ご注意）

・この用紙は、機械で処理しますので、金額を記入する際は、枠内にはっきりと記入してください。また、本票を汚したり、折り曲げたりしないでください。

・この用紙は、ゆうちょ銀行又は郵便局の払込機能付きＡＴＭでもご利用いただけます。

・この払込書を、ゆうちょ銀行又は郵便局の渉外員にお預けになるときは、引換えに預り証を必ずお受け取りください。

・ご依頼人様からご提出いただきました払込書に記載されたおところ、おなまえ等は、加入者様に通知されます。

・この受領証は、払込みの証拠となるものですから大切に保管してください。

収入印紙
課税相当額以上
貼　　付

印

この用紙で「本郷」年間購読のお申し込みができます。

◆この申込票に必要事項をご記入の上、記載金額を添えて郵便局でお払込み下さい。

◆「本郷」のご送金は、４年分までとさせて頂きます。

※お客様のご都合で解約される場合は、ご返金いたしかねます。ご了承下さい。

この用紙で書籍のご注文ができます。

◆この申込票の通信欄にご注文の書籍をご記入の上、書籍代金（本体価格＋消費税）に荷造送料を加えた金額をお払込み下さい。

◆荷造送料は、ご注文１回の配送につき500円です。

◆キャンセルやご入金が重複した際のご返金は、送料・手数料を差し引かせて頂く場合があります。

◆入金確認まで約７日かかります。ご了承下さい。

振替払込料は弊社が負担いたしますから無料です。

※領収証は改めてお送りいたしませんので、予めご了承下さい。

お問い合わせ　〒113-0033・東京都文京区本郷７―２―８
吉川弘文館　営業部
電話03-3813-9151　FAX03-3812-3544

この場所には、何も記載しないでください。

払込取扱票

02 東京

通常払込料金 加入者負担

口座記号番号	金額
00100－5－244	千 百 十 万 千 百 十 円 ※

加入者名 株式会社 吉川弘文館

料金 ／ 備考

各票の※印欄は、ご依頼人において記載してください。

ご依頼人・通信欄

フリガナ

※お名前

郵便番号　電話

※ご住所

※

〈この用紙で書籍代金ご入金のお客様へ〉
代金引換便、ネット通販ご購入後のご入金の重複が増えておりますので、ご注意ください。

◆「本郷」購読を希望します

購読開始　　号より

1年 1000円 (6冊)　3年 2800円 (18冊)
2年 2000円 (12冊)　4年 3600円 (24冊)
(ご希望の購読期間に○印をお付け下さい)

日附印

裏面の注意事項をお読みください。(ゆうちょ銀行)(承認番号東第53889号)

これより下部には何も記入しないでください。

切り取らないでお出しください。

記載事項を訂正した場合は、その箇所に訂正印を押してください。

振替払込請求書兼受領証

口座記号番号	00100－5 (通常払込料金加入者負担) 244
加入者名	株式会社 吉川弘文館
金額	千 百 十 万 千 百 十 円 ※
ご依頼人	おなまえ ※　様
料金	日附印
備考	

この受領証は、大切に保管してください。

書物は非常に少なく、飼い方ガイドのような本も、犬や鳥はあっても猫のものは存在せず、会誌や「ねこ文庫」シリーズは貴重な情報源であった。当初は会員同士の会合も各地で頻繁に行われており、同会が日本の猫文化史上に果たした役割は非常に大きい。

●洋猫団体の誕生

日本ネコの会結成の翌一九五五年（昭和三〇）三月二七日には日本シャム猫クラブが誕生する（五四年設立とするのは誤り）。これが戦後二番目の全国的な猫団体である。創立に深く関与した山本千枝子（映画監督山本嘉次郎の妻）の回想によれば、その端緒となったのは一九五三年一月にビルマで開かれたアジア社会党会議に山本が参加したことにある。山本は、戦争の傷跡が深いなかで、アジア各国には日本への怒りがまだ根強く残っており、交流の強化が急務であると感じた。そして特にタイとの交流については、シャム猫を介した交流を思いついた。駐日タイ大使館情報部長のプラポン・ボディパクティに話したところ賛意を得られ、プラポンは新聞記者を招いて会見を開き、クラブの設立を発表した（山本千枝子「タイ国と日本を結んだシャム猫」愛犬の友編集部『ネコの飼い方ガイド』愛犬の友社、一九七一年）。

その後、一九五六年五月、日本シャム猫クラブは第一回シャムネコショーを日本橋三越屋上で開催する。三笠宮やタイの駐日大使なども出席して大きな注目を集めたが、これが戦後のキャットショーの嚆矢《こうし》となった（「話の港」『読売』一九五六年五月二〇日夕刊）。同会は日本で初めて猫の血統書の発行を開始し、またシャム猫のブリード・譲渡なども手掛け、一九五七年からは会報『CAT』を発行した。しかし一九六一年に事務局長として運営を担っていた漫画家の堤寒三らと、設立の中核を担った副会長山本嘉次郎・千枝子夫妻や元宮内次官白根松介・喜美子夫妻らとの間で、運営方針をめぐる対立が生じる。結局両者は分裂、堤の側が日本シャム猫クラブの名前を引き継ぎ、山本らが「ジャパン・キャット・アソシエーション（JCA、日本猫協会）」という名の会を作り会員の大部分を引き継ぐ形になった。

内紛の発端は、血統書の発行などが遅れがちで苦情が生じたことにあったが、その遅れは堤一人が機関誌の編集から広告取りまで一手に対応していたことが原因で、そこから感情的対立が広がっていったようである。外交にも団体を使おうという山本ら幹部の側と、庶民的な堤らの側との違いも背景にはあった（「ひっかきますわよ〝お墨付き〟をめぐるシャムネコ騒動」『週刊読売』一九六二年二月一八日号）。堤らの側は、その後ジャパン・キャッテリー・クラブ（ＪＣＣ）という団体を設立し、藤枝泉介防衛庁長官・衆議院議員を会長に据えた（松井明夫「ねこ談義ＡＢＣ」『愛犬の友』一九六二年七月号）。以後、ＪＣＣはＪＣＡとライバル関係に立ちながら、キャットショーや血統書発行を行っていくこととなる。

なお、一九六二年には、日本ネコの会から分離する形で日本捨猫防止会が設立されている。設立の中心となったのは佐藤エミ子・富尾木恭子・清水純子らである。彼女らは、捨て猫が増えているなか、日本ネコの会で何か活動をできないかと持ちかけたものの、会としては難しいという結論となったことから、日本捨猫防止会を設立した（佐藤義郎「日本捨猫防止会のこと」『猫の会』一九六三年一二月号）。これより先、一九四八年に日本動物愛護協会が誕生、さらに五六年には日本動物福祉協会が愛護協会から分離・設立されていたが、猫を冠した愛護団体としては日本捨猫防止会が戦後初のものである。

●ネズミを捕るな

猫に関わる団体が次々とできたことにも表れているように、戦後、猫を飼育する人が増えていた。特に都市部では、この頃からネズミ捕りを目的とせずに、純粋な愛玩用として猫を飼育する人が増えた。一九五七年（昭和三二）に初版が出版された内田百閒《ひゃっけん》の『ノラや』には、ノラがネズミを外で捕まえて家の中に咥えてきて大騒ぎになる描写がある。内田の妻はノラの口の周りを拭きながら「ノラや、お前はいい子だから、もう鼠なぞ捕るんぢやないよ」と言い聞かせている（内田百閒『ノラや』中公文庫、一九八〇年）。かつて猫は何よりネズミ捕り目的だったのであり、ネズミを捕らない猫が捨てられることすらあったのであるから、大きな変化である。

こうして猫は純粋な「ペット」になっていくのであるが、しかしペットになったから大事にされたかといえば、必ずしもそうとは言えなかった。ある猫好きは次のように語っている。

動物嫌いな人はまだまだ多く、まして猫はその消極的な性格からも犬に比較し敬遠され易い。更に鼠とり道具の意味をはなれた時、他の家畜のように直接目に見えた利益を人間に与えたり、人間に尽力したりはしない。逆に云えば猫こそは、まことにペットらしいペットなのだがその意味が純粋なだけに理解されない場合がある。その上不運なのは容易に手に入るため誰でもが簡単に飼い主となる自由を持っていることだ。〔中略〕知人から無理にせがまれて飼ってみたり、道端にないているのをちょっと拾って飼ってみたり、純血種の高価な動物を求める時のように慎重ではない。気まぐれであいまいな動機から飼われることが多いのだ。〔中略〕はじめは可愛いのでチヤホヤしていてもいつまでも子供でいる訳がなく、一年たつと発情、野合して子を産む。そうなると飽きて親子もろとも捨ててしまったりする。（丘洋子「猫を見直そう」『愛犬の友』一九六三年一月号）

実際、後述するように、野良猫はこれ以降急激に増え社会問題化していくことになる。またネズミ捕りが目的でなくなると同時に、猫を選ぶ基準は、多くの場合見た目が最重視されるようになり、成猫よりも子猫の方が価値が高くなる。

●一九六一年金沢での飼育調査

高度経済成長期の猫の飼育状況に関する全国的な調査は存在しない。しかし、個人による調査であるが、金沢市内の各種会社・官庁等を対象に、一四五八人にアンケートを行った結果が残っている（金崎肇「猫を飼っている家」『ねこ』

一九六一年一二月号)。飼育している動物では、小鳥が三〇〇人(二〇・六%)と最も多く、猫は一四二人(九・七%)で、犬の一四五人(九・九%)とあまり差がない。また自らの生活程度を「上流」だと答えた一四七人のうち、猫飼育は一八人(一二・二%)、犬飼育は二三人(一五・六%)、「中流」と答えた五二七人のうち猫は四三人(八・二%)、犬は五九人(一一・二%)、「下流」と答えた七七四人のうち猫は七一人(九・二%)、犬は六三人(八・一%)であり、上流ほど犬の飼育比率が高い。また猫も上流で最も飼育比率が高いものの、犬との飼育比率の差は下になるほど縮まり、下流では逆転して猫を飼育している比率の方が高くなっている。

以上から考えれば、ペットを飼う比率は生活に余裕のある家庭で高く、さらに犬はどちらかといえば上流の家庭で、猫は下層の家庭で飼育数がやや多いが、しかしその差はわずかであるということも指摘できる。また猫と犬の飼育数の差が少ないことについては、猫好きの金崎の交友関係が影響して、猫の飼い主へのアンケートが増えた可能性もあろう。

なおこれとは別に、一九五七年(昭和三二)七月に、東京都九七四世帯についてなされた調査があるが、その調査では猫の飼育数が二一六世帯(二二・二%)犬は二四六世帯(二五・三%)となっている(「家庭飼育の小動物の統計」『愛犬の友』一九五七年一一月号)。金沢に比べ、猫・犬とも飼育比率がだいぶ高いが、高度成長初期には地方よりも東京の方が猫の飼育比率が高い傾向は確かに存在するようである。ネズミ捕り目的での飼育の減少や、養蚕などの農家副業の減少、また都会ではまだ集合住宅が少なかったこと、交通量が増え始めたばかりの時期であったことなどが背景にあると思われる。それでも飼育率の東京二二%というのは、後年の数値に比してかなり高く、母集団に偏りがある可能性もある。

金沢の調査では、鳥の飼育比率が猫や犬の倍近くにのぼり、また東京の調査でも金魚の飼育数が最大となっていることも注目される。日本では戦前から高度成長後のある時期まで、猫好きよりも猫嫌いの方が多かったが、その一因に、こうした小鳥や金魚を猫が襲うという事情も存在していた（なお、戦前は鶏を飼育している家庭も多く、猫が隣家の鶏を襲う事件も多かった）。

●「公害」としての猫

古くからある猫による盗みやいたずらに加え、高度成長期以降は、発情期の鳴き声や「不潔」などに対する被害を訴える人も増えていき、「〝動物公害〟に罰則を」（『読売』一九七〇年一一月六日）、「〝放し飼い公害〟はゴメンです」（『読売』一九七三年九月二〇日）というように、公害病の被害者でもあった猫が、公害そのものとして社会問題化されていく。

最近の投書欄には、いわゆる〈ネコ害〉を訴えるもの、さらにはその具体的な対策を真剣に論じるものが多い（中略）猫族たちは、安中のカドミウムや田子浦のヘドロなみに敵視されつつあって、やれ春になって猫の恋愛遊戯のためうるさくて受験勉強もろくにできないとか、猫のために赤ん坊があやうく窒息死させられそうになったとか、投書の内容を読むとなるほどとうなずけるものばかりであるが、よく考えてみると、なにも最近になって猫どもが急に恋愛遊戯の際に猛烈な声をあげるようになったわけでもなく、また猫族は昔からフトンの上や柔らかく暖かい場所（それが赤ん坊の顔であろうと）の上にのるのが好きなのである。（三輪秀彦『猫との共存』早川書房、一九七二年）

野良猫の増加だけでなく、この頃は飼い猫も外に自由に出入りさせる飼い方が当たり前であった。また従来からの日本家屋は開放的なつくりで外との出入りが容易であり、特にクーラーも普及していない当時、夏は風通しをよくするために扉や障子を開けておくのが普通であったため、家猫・野良猫を問わず、近隣の家庭に入り込むことが多かった。猫を「迷惑」とする投書はこれ以降、三〇年以上にわたって新聞の投書欄を賑わし続ける。

●「迷惑」の背景

猫が他人の家に勝手に上がりこんだり、他の家で盗みを働いたりしていたのは、戦前とても同じであった。しかしなぜ戦後になってそれが「公害」＝社会問題として認識され、「迷惑」だと声高に言われるに至ったのか。むろん、猫の数が急速に増えたことが要因であることは間違いないが、それだけではなく、社会的な背景も存在していた。

民俗学者の岩本通弥によれば、「迷惑」という言葉が今日のような意味で使われることが多くなるのは、第一次大戦以降であるという。俸給生活者（サラリーマン）が増え始め、都市郊外が広がり通勤圏が拡大していくなかで、人々の交際範囲が従来の地域共同体以外に広がる。そうした知らないもの同士のルールとして、公共マナーが要求されるようになり、そこから逸脱する行いは「迷惑」とされるようになったのである（「身近な言葉の歴史を考える」『東大新聞オンライン』二〇一九年二月二一日）。

戦後になると、通勤圏だけでなく、人々が居住する地域そのものが、知らないもの同士の生活の場となっていく。旧来であれば、猫がいようがいまいが近所に住む人は顔の見える隣人であり、それなりの人間関係を保っていることが多かったが、都市の本格的な拡大と人口の流入による過密化のなかで、地域社会の人間関係は複雑化する。日常的にコミュニケーションを交わす隣人ばかりでなく、突然他所から引っ越してきた他人同士がすぐそばに住むようになり、その住民相互の間にコミュニケーションが成立しない事例も増えていく。当事者同士の話し合いで解決されてきたトラブルも、つながりのない隣人関係においては、直接話し合うのではなく、新聞への投書や行政に対する苦情として噴出することも多くなる。

それを示すように、この時期猫だけではなく、近所迷惑に関する投書自体が急増していた。一九六二年（昭和三七）の『読売新聞』では、最近の投書欄に「近所めいわく」に関する投書が急増しており、一番多いのは騒音の問題、次いで猫や犬の被害が多く、猫は盗みについて、犬は放し飼いについての苦情が多いとされている（「近所めいわく」『読売』一九六二年一月一三日)。

戦前にも、猫をめぐるトラブルは存在しており、時折新聞でも報じられている。しかし、トラブルが起きても当事者同士の話し合いで解決することがほとんどで、新聞で報じられるのは、多くの場合、当事者同士の話し合いが、暴力や猫の虐待にまで発展して騒動になったような場合である。動物による「迷惑」を新聞や行政に訴えるということは戦前にはほとんど見られない。また戦前、特に明治期には、猫をはじめとする動物の地位が低かったこともあり、直接泥棒をした猫を殺したり殴ったりということも多かった。大正・昭和と時代が進むにつれ、動物愛護意識も向上し、建前上は猫を虐待することは悪となったため、飼い主や近隣住民の見ている前で、猫に直接怒りをぶつけるような人は、以前より減った(他方で他人の見ていないところで虐待することは増える)。そのように自分自身で猫に「懲罰」を加えられないことも、猫の問題を苦情として行政や新聞に訴えることにつながっていく。猫への苦情の増加は、こうした人間社会の変化の反映なのであった。

●猫と犬をめぐる裁判

こうしたペットをめぐるコミュニケーションの変化を示し、かつ猫の歴史にとって大きな意味を持つ事件として、一九五八年(昭和三三)五月に、散歩中のシェパードが三毛猫をかみ殺し、猫の飼い主が慰謝料を求めて起こした裁判が挙げられる。猫の飼い主は東大出の公務員で、犬の飼い主は産婦人科医であったが、事故が起きた時、散歩させていたのは飼育係で、かつ飼育係は犬が勝手にやったとして被害者に誠意を見せず、飼い主にも報告しなかった。我慢ならない被害者は当初器物損壊罪で地元警察署に訴えたが不起訴となり、次いで民事裁判に訴えたのである。裁判が始まると「わたしのネコが殺されたときは、たった百円ですまされてしまった。ぜひ裁判に勝ってほしい」「たかがネコのことで争うとは、なさけないやつ」などさまざまな意見が出て、注目の裁判となった(「犬が猫にやった二万円のゆくえ」『週刊公論』一九六一年二月二〇日号)。

殺された猫は洋猫ではなく三毛猫であり、財産的に「ただ同然」とみなされていたため、特に慰謝料が争点となった。結果としては、裁判長が「〝ネコかわいがり〟という言葉があるように家庭に飼われているネコが飼い主との間に高度の愛情関係にあることは通常のことだから害を加えた動物の所有者はネコの飼い主の精神上の損害を賠償する義務がある」(「ネコへ慰謝料」『読売』一九六一年二月二日)として、犬の飼い主から被害者夫妻へそれぞれ慰謝料一万円ずつ、および埋葬料六〇〇円を払えとの判決を下し、猫の飼い主の勝訴となった。

猫が、人間との間に「愛情」を形成しうる対象であると認められ、そのことによって猫の殺害に対する慰謝料が日本で初めて認められたこの判決は、猫好きからは、猫の地位を向上させた画期的な判決とされた。しかしこの事件の背後にあるのは、猫に対する苦情と同じく、近隣住民間のコミュニケーション不全であった。『読売新聞』が「もしわびでもあれば気持ちも納まったろうが」と報じたように、加害者側は猫の飼い主に誠意ある対応を見せなかったし、被害者の側も直接犬の飼い主に訴えていなかった。驚くことに犬の飼い主が事を知ったのは告訴されてからだったという。同じ地域内でありながら、コミュニケーションが全く成立していなかったことで、「普通なら話合いですむこの事件も妙にこじれてしまった」のである(「ネコがイヌに殺され世界初の慰謝料裁判」『読売』一九六一年一月二一日夕刊、「ネコへ慰謝料」『読売』一九六一年二月二日)。

都市の過密化は、こうしたコミュニケーション不在の「顔の見えない」隣人を都市のなかに増やしていく。そのことは、他人の飼育する猫の侵入に対する「迷惑」意識を増大させていき、また猫の飼い主側にも、猫による被害を受けた人々に対する想像力を持たない人が出てくる。猫の被害が、戦後になって社会問題となっていくのには、このような背景が存在していた。

●「ネコ権デー」の設定

日本ネコの会は、前述の裁判で慰謝料を認める判決が下りた二月一日を記念し、以降この日を毎年「ネコ権デー」として、猫の権利向上のための活動を行うことに決めた。その第一回は判決の翌一九六二年の二月一日に、東京・新宿の東電サービスセンターで行われた。集まった猫好きは一七名であった。動物学者の高島春雄の講演後、化け猫映画制作反対や猫の医療保険開設などのアピール（後述）を議決した。この後数年間にわたって、「ネコ権デー」の行事は行われている。

なお、日本ネコの会は、この「ネコ権デー」とは別に、一九六一年から七月七日を「にゃんにゃんデー」という名の「猫の日」と決めて、毎年会合を行っていた。ネコの会の創立記念日で、かつ日付の数字が「ニャーニャー」と語呂が合うからだという。また七夕にちなみ、全国の会員が一年に一度逢瀬を楽しむ日としたいという願いも込められた。しかし、その後会自体が分裂したこともあり、この「猫の日」は忘れられていく。また、分裂後の日本猫愛好会は、毎月五日を猫の日とし、特に五月五日は一年の猫の日と定めて、「今はなき愛猫や、元気で飛びはねている現役の彼氏彼女に、深く心をよせる日にしたいと思います。五月五日は同時に子供の日でもあり、生〔ママ〕長する子供達にあやかりたいと願うからです」としていた（「猫愛好会だより」『猫の会』一九六三年九月号）。しかしこれもまた長続きしないで終わってしまっている。

なぜこれらの「猫の日」は定着しなかったのか。それは戦後のこの段階に至っても、いまだ猫好きが社会的には少数派であったことが一つの理由である。一九六一年に谷崎潤一郎は次のように書いている。

男でも女でも、世間には猫好きの人間より犬好きの人間の方が多いやうでございますな。尤《もつと》も故泉鏡花先生なんかは極端な犬嫌ひでいらつしやいましたが、一般には「猫は嫌ひだ」「「猫」は陰険だからイヤだ」と申される人の方が多うございますな。志賀直哉さんなんかも明かに犬党の方で、「猫は嫌ひだ」と仰つしやつてらつしやいます。家庭の女中さんなんかは、ちよつと油断してゐる隙にお魚を攫《さら》つて行かれたりお刺身を食べられたりしますので、猫をイヤがるのが普通のやうでございます。

あまり猫嫌いが多いため、谷崎は女中を雇う際、「うちには猫も犬もゐるんですが、あなたは猫は嫌ひぢやないかね」と念を押して動物好きの女中を採用するように心がけていたという（谷崎潤一郎「猫と犬」『当世鹿もどき』中央公論社、一九六一年）。

当時、犬の本はあっても猫の本はきわめて少ないという状況があったことはすでに述べたが、それも猫好きがマジョリティではなかったからである。猫にそもそも好印象を持つ人が多くないこのような状況では、単なる一サークルの「猫の日」が社会的な広がりを見せようはずがない。しかも猫好きにとっては猫と接するのは毎日の出来事であり、ことさらに日を決めて祝う必要はなく、各サークルは会誌を通じた交流や、各地域での会合なども平素から行っていたので、サークル内部としても特別な日を必要とする理由はあまりなかった。そのためにこうした「猫の日」もいつしか忘れ去られて終わったのであった。

なお、現在のように二月二二日を「猫の日」とするのは、一九八七年に柳瀬尚紀成城大助教授ら「猫の日制定委員会」が「第一回猫の日祭り」を開催して以来である。この頃は後述する「猫ブーム」がすでに始まっており、マスコミがこぞって取り上げ、社会的に認知された。しかしまだ高度成長期には「猫の日」を受容する社会的基盤は存在しなかった。

●安楽死を認める動物愛護運動

なお、前述した「第一回ネコ権デーの集い」では、七項目にわたるアピールが議決された。それは、「ステネコ防止」「バケネコ映画製作上映反対」「医療保険制度実施」「国鉄車内持込み一〇〇キロ制限撤廃」（当時乗車区間がそれ以上だと猫を持ち込めなかった）「去勢、不妊手術の励行」「ネコの登録制実施」「保健所等における処置（安楽死）」というものであった（佐藤義郎「東京ネコ権デー記」『ねこ』一九六二年二月号）。驚くべきは、殺処分が「ネコ権」として主張されていることであろう。殺処分はすでにこの時期、広く行われるようになっていた。行政による猫の殺処分（薬殺）は、捨て猫の増加に伴う市民の要望を受け、一九五八年（昭和二九）頃、静岡県富士宮市にて開始されていたようである（木村喜久弥『ネコ』法政大学出版局、一九五八年）。さらに東京都も、一九六三年、翌年に東京オリンピックを控え、野良猫をなくそうとの東竜太郎知事の至上命令で、猫の引き取り・処分を始めていた（『週刊ペット百科』三四、一九七五年）。

またこれとは別に、動物愛護団体による殺処分が、もっと早くから行われていた。動物愛護協会は一九五一年に附属病院を開設していたが、この病院で注射による殺処分を行っていたのである。一九六三年の記事で、協会には一日二、三〇匹の猫が持ち込まれ、そのうち三分の二は殺処分されていたとされる（「動物愛護のために」『読売』一九六三年九月二四日）。さらに一九六九年頃には年間四〇〇〇匹以上の猫が同病院で殺処分された（「ペットブームのかげに」『読売』一九六九年九月一六日）。愛護協会の各府県の支部や、その他の愛護団体でも、安楽死処分や、処分のための獣医への仲介を行っていた。

当時、西洋の動物愛護団体でも、引き取り手のない猫や犬を殺処分にすることは普通に行われていた。生きながら耐え難い苦痛を与えるくらいなら、安楽死で楽にしてあげたほうがよいという考え方が基礎にあった。また現実に、街中で虐待されたり、野犬に襲われたり、食べ物を得られなかったりして斃死する野良猫が非常に多く、愛護運動への社会的な後援も少なく費用も限られているなかでは、捨て猫をすべて保護して面倒を見ることもできなかった。

●猫の命の格差

愛護協会は、こうした悲劇を避けるべく、避妊・去勢手術をするよう強く呼びかけてもいたが、他方で、飼い主の側にも、猫の命を軽視する人がいまだ多く存在していた。愛護協会は引き取りに際して飼い主に安楽死の説明をしていたが、その説明で引き取り要望を撤回するのは全体の一〇％にすぎなかったという（「ペットブームのかげに」『読売』一九六九年九月一六日）。また「ずいぶん猫を可愛がる人でも、子猫に乳を吸わせると親猫が弱って可哀相だといって、母猫の気持など無視して、折角生んだ子猫をさっさと処分してしまう人がある。そういう人たちに言わせると、眼の開かないうちなら命がないも同然だから川に溺れさせてしまうのだそうだ」（松本恵子『随筆　猫』東峰出版、一九六二年）というように、飼い猫が生んだ子猫を自分で処分する人も多かった。京都に住むある猫好きの人物がつけていた記録では、一九五一年（昭和二六）から五八年までに生まれた子猫のうち、生後ほどなく死んだ七匹を除く三六匹中、実に二〇匹が「水葬」に付されている（寺村竜太郎『猫』井上書店、一九五八年）。

また、前述した「第一回ネコ権デー」に、兵庫在住のため参加できなかったある日本ネコの会会員は、手紙で「ネコ権」に関する意見として「ネコとりが横行する地域あり。他家に飼われているネコをアッという間に盗み去って行くことはやめてほしい」「ネコの毛皮等が人間生活の中で必要であるならば、他家の猫を盗みとるのではなく、そのために、〝養猫事業〟をすればよい」と主張している（福田忠次「日本ネコの会〝ネコ権デー〟のつどいの皆様へ」『ねこ』一九六二年二月号）。飼い猫ではなくて、養殖した猫を使えばいいではないか、という意見である。この投書をした人物は、のちに日本猫愛好会の中心的会員となる人物であり、自宅に猫専用の小屋をつくり、かつ、自らも『猫通信』と題する印刷物を定期発行するほどの熱狂的な猫好きであったが、その彼にして、「ネコ権」というより人間の財産権の主張を、「ネコ権デー」に主張しているということが、当時の人々の猫に対する考え方を示しているといえるだろう。

●動物実験のための猫捕り

戦時中に出現しなくなった猫捕りは、戦後の猫の増加に伴って再び出現するようになっていた。戦後になると三味線だけでなく、大学病院や製薬会社の実験用動物としての買い取りを目的にしたものも増えていった。実験用の買い取り価格は、一九六四年（昭和三九）頃で、一匹三〇〇円ぐらいが相場だったようである。なお、当時の物価は、ビール大瓶一本一二〇円前後であったのでその二・五倍程度である。

素人が小金稼ぎに猫を捕獲することも多かった。例えば、一九六二年に、横浜市内で相次いで猫がいなくなる事件が起こった。被害にあった飼い主が、市内の大学病院に注射を打ちに行ったところ、研究室と書かれた扉の前で聞き慣れた鳴き声が耳に入った。あわてて扉を開けると、自分の愛猫がそこに捕らえられていた。飼い主は警察に通報、捜査の結果、中学生六名と一五歳の工員二名が、鰹節を使って猫を捕まえて病院に売っていたことが判明し、少年らは補導された（「御用になった〝ネコ族の敵〟」『週刊文春』一九六二年六月一一日号）。

ある猫飼育者は、東大病院で姪が「ネコ買います」の張り紙を見たという話を聞き、「おもわずゾーッとする思いがしました」と批判しつつ、「人類の進歩のために、動物が実験用に使用されることは止むを得ないことかも知れません。しかし、それには、そのために、実験用にはん殖飼育すべきではないかと思います。〔中略〕野良ねこが普通た易くつかまる訳がなく、簡単につかまるのは、飼いネコということになつてしまいます」と述べている（藤井洋子「恐ろしいこと」『ねこ』一九六二年九月号）。これもやはり、飼い猫はダメだが、野良猫や養殖した猫なら構わない、という論理になっている。

●関西の捕獲業者の上京

三味線用の猫捕りについては、戦後は関西の業者が関東に出張してくることが多く、例えば一九六五年（昭和四〇）

一月には、大阪から猫捕り業者が東京へ出てくるという噂が伝わり、愛護団体や一般の猫好きからの抗議が警察に殺到する大きな騒ぎとなった（「納得しない愛護団体」『朝日』一九六五年一月二三日）。その結果、一月二二日午後、警視庁で、大阪から来た業者と、動物愛護団体代表が対決するという事態にまで発展、結局業者側が、反対を押し切ってまで捕獲できないとして、関西に引き揚げることになった（「しっぽ巻いて引き揚げ」『読売』一九六五年一月二四日）。

その後一九七一年にも、十数組の猫捕り業者が関西から上京してきて問題になった。七月に下谷《したや》署が業者に事情を聞いたところ、三味線をはじめ、学校教材や実験用に猫の需要は多いが、関西では猫を捕り尽して少なくなってきたため、遠征してきたと発言したという（「ネコ取り屋大挙上京」『朝日』一九七一年七月一〇日）。次いで各地で飼い猫が大量にいなくなる事件が発生したため、愛護団体や猫好きは監視を強めた。その結果一〇月二八日になって、東京・月島署管内で初めて逮捕者が出た。自家製の猫捕り器にマタタビ粉末を入れて、近くの飼い猫を捕まえたところを一一〇番通報されたのである。この人物は浅草・渋谷などで合計四〇匹を捕まえたというが、「オレはしろうとだから、これまで四十匹ぐらいしかつかまえていない。もっとうまい連中は、すごくとっている。おれたちがいなければ三味線ができないんだ」と述べ、罪の意識は全く感じられなかったと報じられている。猫は殺したあと大阪の皮なめし業者で一匹四〇〇円で加工してもらい、それを皮屋では雄一匹三〇〇〇円、雌一匹一五〇〇円で買い取ってもらうと供述している（「〝ネコの敵〟ニャロメとご用」『読売』一九七一年一〇月二八日夕刊）。上質なものは、五、六〇〇〇円でも売れたようである（「〝飼いネコの敵〟再び上京」『読売』一九七二年一月二五日）。逮捕された人物は微罪放免となってその後も猫捕りを行い、一九七二年五月までに、同一人物が五度にわたって繰り返し逮捕されている。またその背後には関西の暴力団の組織的な関与もあると報じられている（「ニャンともならぬネコ泥棒」『朝日』一九七二年二月七日夕刊）。

●摘発困難だった猫捕り

猫捕りそのものは一九五〇年代から横行していたが、逮捕される事例は稀であった。東京では、戦後、前述した一九七一年（昭和四六）の逮捕まで、三味線用の猫捕りで逮捕された事例はなかったようであるが、地方では一九六四年に九州で逮捕された事例がある。一件は長崎で飼い猫を片っ端から捕まえていた男が逮捕、また鹿児島市や指宿市でも、大掛かりな猫捕りグループが逮捕されている。鹿児島の場合、捕まえた猫を一日数十匹ずつ屠殺施設に運んで皮を剥いでいたといい、また指宿でもトラックに数十匹を積み込んで大阪方面に売り飛ばしていたということで、いずれも大規模なものであったために逮捕されたようである（加納勇『ネコの飼い方』金園社、一九七六年）。

しかし、戦前には、猫捕りは頻繁に逮捕されていた。戦前と戦後でいったい何が変わったのであろうか。猫捕りの取り締まりは明治初期から行われているが、その根拠法令としては、早い例では一八七一年（明治四）に、京都府からの伺いに答える形で、猫や犬の皮を剥いで売る者について、飼い猫を捕えた者については窃盗同様に処罰すべしとの指令が太政官から出されている（国立公文書館所蔵『太政類典』第一編第一九〇巻刑律・刑律二）。翌一八七二年一一月、東京では違式詿違《いしきかいい》条例という法令が施行されるが（一八七三年以降各府県でも制定・施行）、第三六条に動物の死体や汚物の往来への遺棄を禁ずる条目が入れられ（『太政類典』第二編第三四六巻刑律二・刑律二）、また翌一八七四年一月には牛馬その他の動物の皮を決まった場所以外で剥ぐことを禁ずる条目が第六三条として追加された（国立公文書館所蔵『公文録』第二〇二巻・明治七年一月・司法省伺一）。その後、死体遺棄禁止規定は一八八二年施行の刑法の違警罪にも引き継がれたほか（『太政類典』第四編第五七巻刑律・刑律）、一九〇八年に制定された警察犯処罰令では、第三条に「濫《みだり》に禽獣の死屍《しし》又は汚穢物を棄擲《きてき》し又は之れが取除の義務を怠りたる者」「公衆の目に触るべき場所に於《おい》て牛馬其の他の動物を虐待したる者」を処罰する規定が設けられた（『官報』第七五七九号、一九〇八年九月二九日）。戦前に摘発されている事例はこれらの規定に引っかかったものであった。

戦後、警察犯処罰令は一九四八年（昭和二三）に軽犯罪法に引き継がれる。しかし、軽犯罪法では戦前の刑法違警罪や軽犯罪法が警察権の濫用につながったという反省もあり、全般に罪の規定が具体化・明確化されることになった。そのため、動物虐待に関する規定も、「牛馬その他の動物を殴打し、酷使し、必要な飲食物を与えないなどの仕方で虐待したもの」というように、殴打・酷使・飲食物を与えないという具体的行為が明記され、また死体遺棄についても「公共の利益に反してみだりにごみ、鳥獣の死体その他の汚物又は廃物を棄てた者」と、「公共の利益に反」することが要件とされた（『官報』第六三八六号、一九四八年五月一日）。この結果、法律としては進歩したものの、猫捕りや皮剥ぎについては、この規定には合致しないため、処罰することが難しくなったのである。また雑種猫の場合、物品としての価値はほとんどゼロに近いと考えられていたため、窃盗罪も成立しにくかった。一日殺され、皮にされてしまえば、飼い主を特定することも困難であった。

●猫をめぐる世論状況

このような状況に対して、特に被害の集中していた台東区に住む猫好きが、一九七一年一〇月「ネコ取り被害者の会」を結成した。猫捕り業者によって猫が殺されても、多くが野放しとなってしまっている現状に対して、同会は当局へ取り締まり強化を陳情した（「〝ネコの敵〟追放運動」『読売』一九七一年一〇月二九日）。結成されるやいなや、同会には連絡が殺到し、手紙は二ヵ月で二〇〇通以上、電話は鳴りっぱなしの状態となった。しかしその中身は、猫捕りの苦情や相談ばかりでなく、猫が飼えないから引き取ってほしいという連絡や、小鳥やコイを猫に捕られたという苦情、さらに小鳥を飼っているという人から猫捕り「大歓迎」という電話などもあったという。その一方で、被害にあった人の連絡から、下町中心だと思っていた被害地域が、杉並や中野など都内全域に広がっていることがわかり、このため東京の各区内に一ヵ所ずつ連絡所を設けることとなった（「北風の東京　ネコ取り被害者の会」『読売』一九七一年一二月二八日)。日本動物愛護協会も、警視庁および東京地検に厳しい処罰を求め、マスコミでもこうした動きが大きく報道された。そのため、全国邦楽商業組合は業界のイメージダウンにつながるとして、捕獲数量を決め、野良猫だけを捕る方針を打ち出すことになる(「ネコ騒動やっと〝休戦〟へ」『読売』一九七一年一一月一八日)。

しかし、これ以降も、猫捕りは止むことなく、愛護団体との衝突もたびたび起こった。とはいえ、後述する動物愛護管理法の制定などもあり、捕獲に対する風当たりが次第に強まるなか捕獲数は減っていき、一九八〇年代には日本だけでは三味線皮の製造が賄いきれなくなり、輸入に頼るようになっていく。また三味線自体の需要の低下もあって、多くの製造業者が廃業することになった(染川明義「滅びゆく自文化」『部落解放』四三五、一九九八年、石村定夫「犬猫供養祭」『季刊邦楽』四五、一九八五年)。一九九〇年代末には、三味線用の猫皮なめし職人が日本で一人だけになったと報じられている(辻本正教「三味線の猫皮問題に部落民の人間としての尊厳をかける」『部落解放』四三五、一九九八年)。その一方で、以前に比べ数が減ったために問題化されなくなってきたとはいえ、駆除目的や虐待目的も含め、猫捕りが出現したという情報は近年でも見られる。

●団地の発展と猫の飼育

「被害者の会」に、さまざまな内容の苦情があったことは前述したが、同会について報じたメディアに対しても賛意ばかりでない意見が寄せられていた。新聞各紙には泥棒やフン害などで近所迷惑な猫こそ退治すべきだという意見が多数届いた。「ねこの強盗団はいたるところにはびこっていて、新聞にはほとんど連日のように、人間たちによるねこたちへの抗議と弾劾の投書があいついでいた」のである(長田弘『ねこに未来はない』晶文社、一九七一年)。戦後復興期から高度成長期にかけて、猫を飼育する人が増える一方で、猫害を訴える人も増えていたのであり、その両者の関係はのっぴきならない状況にまで立ち至っていた。

都市への人口流入とそれによる過密化、それに伴う社会感覚の変化が、人々の「迷惑」行為への敏感さを生んでいたことは前述したが、高度成長期には、都市の人間と猫の住環境にも大きな変化が起きていた。団地の造成である。この団地の増加もまた、人々の意識変化の大きな要因となった。団地の代表ともいうべき公団住宅は、一九五〇年代半ば以降建設が始まり、一九六〇年代から七〇年代半ば頃まで数多く建設され、若い夫婦などのあこがれとして人気を博した。「多くの庶民がまだ浴室はおろか便所や台所すらも共用しなければならないような戦後の貧しい住宅状況に悩んでいる時、浴室のある住宅が庶民の手の届くところにもたらされたという実感は、入浴というような行為が持っているプライヴァシーの概念を日本の庶民の暮らしのなかにはっきりとした形で浮き上がらせた」と日本住宅公団（現都市再生機構）が振り返るように、団地はプライバシーの観念を定着させ、「日本の庶民の暮しの実感の中に公的な空間と私的な空間の区別を概念化させるきっかけとなった」のである（『日本住宅公団一〇年史』日本住宅公団、一九六五年）。

公団住宅の場合、一九五六年（昭和三一）制定の管理規程により、犬の飼育には公団の承認が必要であったが、猫は不要で、団地で猫を飼う人も多かった（前田美千彦「団地でネコも暮らせるか」『ねこ』一九六八年一一月号）。しかし団地での猫飼育は、通常の住宅以上にトラブルを巻き起こした。前述した、プライバシーの観念の成長は、近隣との「袖振り合うも多生の縁」というような密接な関わりの感覚を失わせる。団地には多くの場合自治会が結成されており、必ずしも住民間のコミュニケーションが存在しなかったわけではないが、しかしその関わりのあり方は公私を分ける方向性、つまり他人の入り込めない私的空間を確保した上での関係へと変化していく。こうしたなかで、他人の猫が自宅に入り込み悪さをすることや、鳴き声などで騒がせられることは、耐えがたい「迷惑」として、苦情の対象になった。

33＝大佛次郎と愛猫たち（大佛次郎記念館蔵）
猫好きとして知られる人の家の前にはしばしば猫が捨てられた．大佛はたびたびそうした猫を見捨てるに忍びず飼育した．

●変わらない猫の飼い方

日本ネコの会の会誌では、公団住宅の情報誌の記事をもとに、団地での猫の飼い方について、「食事はきちんと与える」「排便は場所をきめてきちんと自宅で」「欲しくないネコの子は生ませない。捨てネコはしない」「夜は外に出さない」「迷惑をかけたときは賠償する」ということを呼びかけている（「団地での猫の飼い方」『ねこ』一九六五年六月号）。しかし、逆にいえばこうしたことを守らない飼い主が多かったということでもある。前述した変化のなかで、猫の行動が変わらないことが、そのまま苦情の原因となったのであった。したがって、それを避けるためには、猫を飼う側の変化、つまり「マナー」が強く求められるようになるのである。

苦情の増加を受け、日本住宅公団は、一九六五年（昭和三〇）四月以降の新規入居者には小鳥・魚類を除く動物の飼育を一切禁止し、現在飼われている動物については、その動物一代に限り認めるという決定を行った（「イヌ、ネコの飼育を禁止」『読売』一九六五年三月二八日）。大阪市営住宅のように、その後も飼育禁止の規定を設けなかった団地もわずかに存在するが（『犬猫飼育問題について』住宅・都市整備公団関西支社管理部一般管理諸問題研究会、一九九〇年）、公営・民営を問わず多くの集合住宅は、以降これにならってペットの飼育を禁止していくことになる。

しかし、この措置がまた捨て猫の急激な増加を招くこととなった。公団のペット飼育禁止の決定以降、動物愛護協会に引き取られる猫の数は急増し（森田潤三『ネコものがたり』隣人社、一九六九年）、「公共住宅やマンションではイヌ、ネコを飼えない所がほとんどで、入居する時、飼い主が捨てるケースが多い。また、繁殖しないように手術するにも費用が大変。だから〝ノラ〟が増えてしまう」ことになった（「ペットに愛を　手を結ぶ愛好家たち」『読売』一九七八年九月二三日）。

また禁止された後も、隠れて団地で猫を飼育する人もかなり多かったようである。しかし、引っ越すにあたって猫や犬を処分した住民には、「自分は我慢したのに」という不公平感から、必ずしも大きな迷惑を受けていなくても隣人のそうした行為を厳しく監視し告発する例もあった（前掲『犬猫飼育問題について』）。

●猫の生活変化

猫が家を自由に出入りする生活はなかなか変わらなかったが、他方で、高度成長期の人間の生活の変化が、猫の生活に変化をもたらした部分も存在する。例えば、映画『男はつらいよ』の主人公・寅さんが、商品のたたき売りをする際によく話す口上に「結構毛だらけ猫灰だらけ」という言葉がある。これは、暖かいかまどに出入りして身体中に灰をかぶった猫の姿を言ったものであるが、こうした猫のすすで汚れた姿は、かつては冬の風物詩の一つですらあり、「かまど猫」という言葉も存在した（宮沢賢治の『猫の事務所』に出てくる「かま猫」もここから来ている）。かまど以外にも、囲炉裏《いろり》や、火鉢など、猫が暖をとる場所には灰がつきもので、猫がすす＝灰で汚れる機会は非常に多かったのである。しかし高度成長期にかまどや、囲炉裏、火鉢といったものは、近代的なキッチンや暖房器具の普及に伴って姿を消し、「灰だらけ」の猫も見られなくなっていく。

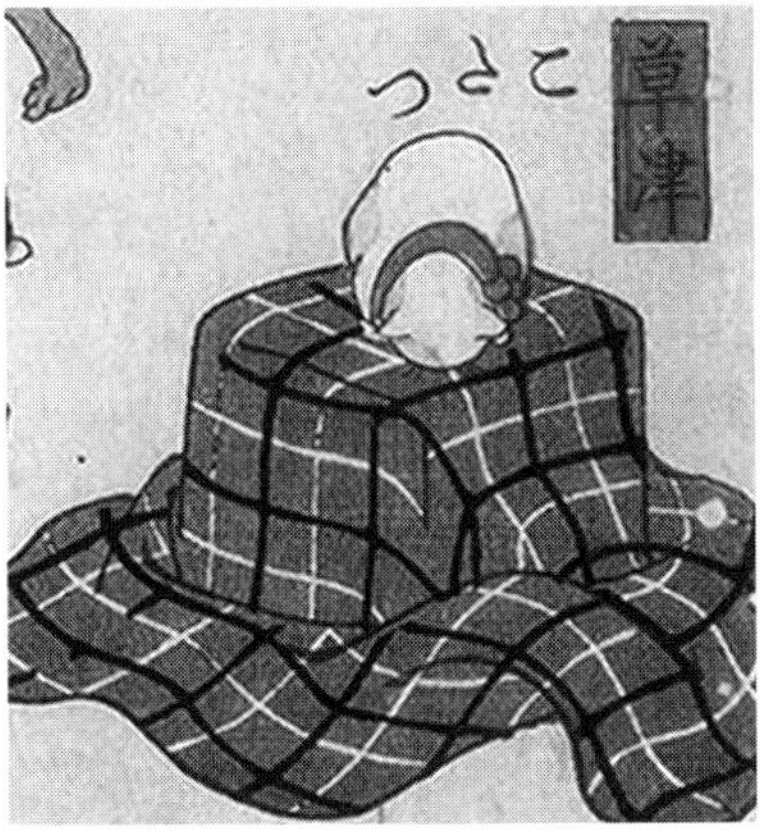

34＝歌川国芳「猫飼好五十三匹」より
草津をもじって「こたつ」としている.

暖房に関連して言うと、「雪やこんこ」の歌詞「猫はこたつで丸くなる」というフレーズは大変に有名だが（一九一一年の文部省編纂『尋常小学唱歌』第二学年用が初出だという）、現在、実際に猫がこたつで「丸く」なっているのを見る人はほとんどいないのではないか。この歌詞でいう猫が丸くなるこたつは、図34のような江戸時代以来広く普及していた、底板のある櫓《やぐら》の中に炭火を入れる陶器を置いた小さな置きごたつか、あるいは囲炉裏の上に櫓を置き布団を掛けたものであり、猫はその上部で丸くなっていたのである。布団の中には櫓があるためスペースが狭く、かつその上部が暖かかったことから、猫はその上を好んだ。布団の中にもし猫が入ると、やけどしたり、一酸化炭素中毒でフラフ

35＝ブラウン管テレビの上にいる猫

ラになったり、酸素不足で死に至ることもあった。

高度成長期以降、座卓の上部に熱源をつけた、現在使われているような電気式の赤外線こたつが広く普及すると、中が空洞化して入りやすくなり、こたつの上部には冷たい天板が置かれてテーブルとなったため、猫は暖かいこたつの中に入って「伸びる」（猫は暑いと身体を伸ばす）ようになったのである。

なお、暖房器具の少なかった時代には、猫が乳児を殺す事件が時折新聞で報じられている。猫が暖をとるために乳児の顔の上に乗ってしまい、窒息死させてしまうのである。石油式ストーブや電気ストーブ、エアコンなど、さまざまな暖房の普及によって、こうした事件はなくなっていく。ただし、猫がストーブやその周囲のものを引っかけて火事になったり、ストーブの上に乗っかって火傷をしたりという事故が起きるようになった。一酸化炭素中毒はなくなったが、新しい暖房器具の強い熱力で、粘膜が乾燥したり、低温やけどになったりする猫も多くなり、一九七〇年代以降の猫の飼い方ガイドにはそれへの注意喚起がなされているものも多い。

付言すると、高度成長期のブラウン管テレビの普及も、猫に新しい居場所を提供した。特に寒い時期、テレビが熱を持ち暖かくなるため、その上をお気に入りの場所とする猫が多かった。夕食時の家族団らんの時などには、猫が上に乗ったテレビを観ながら、談笑する家庭も多かったと思われる。二〇〇〇年代に入り、薄型の液晶テレビが普及すると、猫はテレビの上に乗れなくなり、この定位置は失われていくことになるが、それまで四〇年近く、テレビの上は猫の定位置であったのである。

●交通事故の増加

以上のような室内での変化こそあれ、戸建てにおいてはもちろん、団地においても、この頃までは外に自由に猫を出して飼育する人が多いという点は変わらなかった。しかし外界の環境は激変しており、特に交通事故が飛躍的に増えていく。日本国内の自動車保有台数は、一九五五年（昭和三〇）の約九二万台から、六〇年に二三〇万台（二・五倍）、六五年に七二五万台（七・八倍）、七〇年に一八一九万台（一九・八倍）、七五年に二八四一万台（三〇・九倍）へと急増する（山本弘文編『交通・運輸の発達と技術革新』国際連合大学、一九八六年）。また道路の舗装も進んだ。国道の舗装率は、一九五五年に約一三・六％にすぎなかったものが、六〇年に三一・〇％、六五年に五六・五％、七〇年に七五・一％、七五年に七八・八％へ増えていき、また道路の幅を拡げる改良工事も進められていく（国土交通省ウェブサイト「道路統計年報」）。道路が舗装・改良されれば車の運転するスピードも上がり通行量も増えるため、交通事故は多くなっていく。

東京都区部では一九六四年にすでに一日に約一〇〇〇匹もの猫を各区土木課と清掃事務所が処理しなくてはならない状況だと報じられている。清掃作業で集められた猫はゴミとして処理され夢の島などの埋立地に運ばれた（「〝遺体処理〟大忙し」『朝日』一九六四年四月一八日）。また一九七〇年頃には郊外にまでそうした状況が広がり、あまりに交通事故が増えるため、調布市や府中市などでは通常のゴミ処理だけでは間に合わなくなり、四月以降死体の処理を多摩犬猫霊園に頼むことに決めた。また東村山市と小平市は、ゴミとして焼却される遺体が増えたために、ゴミ焼却場の構内に「犬猫供養塔」を建てたと報じられている（「まったく犬死」『朝日』一九七〇年二月三日）。人間の交通事故死者数はこの一九七〇年に一万六七六五人でピークを迎えたのち、信号や横断歩道等の整備によりその後減少していくことになるが、あたりまえながら猫に関してはほとんど効果はなかった。

●「ネコ族受難時代」からの脱却を目指して

以上のように、高度成長終盤期には、「最近は団地やアパートで飼えなくなったために捨てられたり、自動車にはねられたり、ネコ族もまさに受難時代」（「ネコ族受難時代　住宅難や交通事故死」『朝日』一九六八年一一月八日）といわれる、猫にとっては、相当に過酷な生活環境が広がる状況になっていた。

愛猫団体はこの「受難時代」の状況を変えようと、早くから努力を重ねていた。課題は、捨て猫・野良猫を減らし、猫捕りや虐待を防ぎ、飼育マナーを向上させることであった。都下の愛猫団体は、一九六二年（昭和三七）頃から相互に連絡を取り、猫捕りへの対応などを協力して行っていたが、六五年には、日本捨猫防止会、日本猫愛好会、日本ネコの会、じゃぱん・きゃっと・くらぶ、ジャパン・キャット・アソシエーション（ＪＣＡ）、日本シャム猫クラブ、ジャパン・キャット・ソサイエティの七団体によって日本愛猫家団体協議会が結成された。同協議会は、動物愛護週間には慈善ダンスパーティーを行い、その収支を日本動物愛護協会に寄付するなどした。また、動物保護に関する法律の制定促進、公団住宅アパートでの猫の飼育禁止に関する問題、猫捕りの問題等について、対策を研究・協議した（佐藤義郎「日本愛猫家団体協議会のこと」『猫』一九六五年一二月号）。

動物愛護法の制定に向けては、一九六三年三月九日、愛猫団体だけでなく、より広く動物関係一八団体の代表が参加して「動物を守る会」が開催された。愛猫団体では、日本ネコの会、日本捨猫防止会、ジャパン・キャット・アソシエーション（ＪＣＡ）、ジャパン・キャッテリー・クラブ（ＪＣＣ）、アメリカン・シャミーズ・キャット・クラブ・オブ・ジャパン（ＡＳＣＣ）などの代表が参加、動物虐待防止法の制定促進、動物虐待の防止策などについて話し合いを行った（「動物虐待防止会議」『ねこ』一九六三年一二月号）。そしてこれら団体は、動物愛護法ないし虐待防止法の制定に向けて、懇談会を定期的に開くとともに、「動物虐待法案」の制定を求めて署名を集めることを決定、日本動物福祉協会が取りまとめにあたったが、一九六四年五月までに一三万人以上の署名が集まった（『ねこ』一九六四年六月号）。また一九六三年以降動物愛護週間にあわせて動物虐待防止会議を開催し、二年後の六五年九月二〇日には虎ノ門共済会館にて第二回動物虐待防止会議が開かれ、全日本動物愛護連盟という各愛護団体の連絡調整機関が設立された（「動物虐待防止の運動」『猫』一九六五年一一月号）。なお、同連盟はその後、一一月一〇日に第一回会合を開催、その場で全日本動物愛護団体協議会と会名を変更した（「全日本動物愛護連盟はやくも全日本動物愛護団体協議会と改称」『ねこ』一九六五年一二月号）。

各愛猫団体は、虐待防止と同時に飼育マナーの向上をたびたび会誌で呼びかけ、また日本動物愛護協会と日本動物福祉協会は避妊・去勢をすすめる運動を呼びかけるとともに、動物愛護防止法案の成立が急務と早くから訴えていた（「動物愛護のために」『読売』一九六三年九月二四日）。こうした努力が、高度成長の終わろうとする一九七〇年代初頭によ うやく実を結び始め、一九七三年に動物愛護管理法が制定される。そしてこの頃から、猫と人間の関係のあり方は、現在のそれへと近づく形で、大きな変化を遂げていくことになる。

第六章　現代猫生活の成立——高度成長終焉以降——

1　猫生活の劇的変化の時代

●動物保護管理法の制定

一九七三年（昭和四八）秋、オイルショックの到来によって、高度経済成長の時代は終わりを告げる。量的拡大一辺倒から、生活の質の追求へと、人々の求めるものも変化していく。こうしたなかで、生活に彩りを添える存在として、ペットの飼育がクローズアップされ、猫の生活も、質的な変化を遂げていくことになる。

「動物の保護及び管理に関する法律」（動物保護管理法、動物愛護法）が制定されたのは、オイルショック直前の、一九七三年一〇月一日であった（翌年四月一日施行）。戦後ほどない時期から、動物愛護協会は動物虐待防止法の制定を推進し、一九五一年には参議院緑風会の議員によって国会に提出されるまでに至っていた。しかし、有力推進議員の死亡や、内閣の交代などにより結局実現しなかった。それから二〇年、ようやく実現したものであった。法案は日本社会党の代議士大出俊らが中心となり超党派で四年をかけて練り上げたもので、与野党協力のもと可決された。

この法律は、動物の虐待防止や、動物の適切な取り扱い、動物愛護の気風の育成、ならびに、動物による人間の生命財産への侵害の防止を趣旨とし、違反者には罰金が課せられることになった。苦情の多い捨て猫対策としては、猫や犬を捨てたものに三万円以下の罰金を課す規定が盛り込まれた。さらに飼い主の適正な保護・管理の義務を定め、また地方自治体（都道府県）は飼い主から求められた場合には、引き取りに応じねばならぬことになっていた。しか

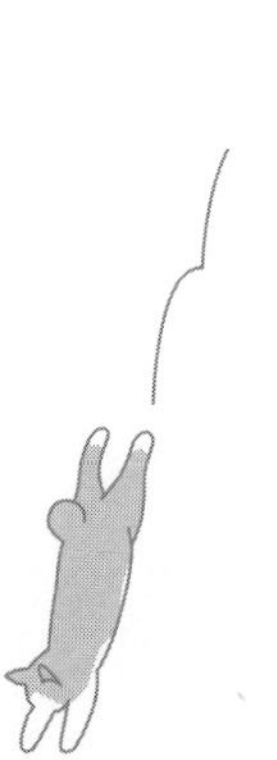

し引き取った動物を行政が飼育することは難しく、多くは殺処分されることが想定されていた。

●安楽死処分の要望

行政による引き取りや安楽死処分の規定は、動物愛護団体の強い希望が容れられて盛り込まれたものでもあった。動物愛護団体は、これ以前から安楽死処分やその仲介を行っていた。法制定の一九七三年、日本動物愛護協会だけで三四一五匹を引き取り、新しい飼い主に譲った三三一匹以外は安楽死処分となったといい、協会の当時の事務局長は「できるだけ早く安楽死させる方が苦しみを少なくしてやれる」と述べている（『週刊ペット百科』三四、一九七五年）。こうした考え方が、自治体による引き取り義務条項の制定に影響したのであった。犬は従来も狂犬病対策のために収容が行われていたが、猫に関しては収容施設を持っていない自治体が多く、この法律が収容・処分施設の設立を促し、猫の大量殺処分が行われるシステムの構築につながっていった面もある。

当初各自治体は猫の引き取りに消極的で、この法律の引き取り義務に対しても反発していた。法律の施行にあたって、総理府（現内閣府）が各都道府県に所管課を報告せよと通達したにもかかわらず、締め切りまでに返事をしてきたのはわずか二県であったという。どの自治体も厄介な仕事を抱え込みたがらず、関係各課が所管を譲り合って引き受けようとしなかった（「ペット様に役所当惑」『読売』一九七四年四月五日夕刊）。施行から二年経った一九七五年の時点でも、引き取りを拒む自治体が多く存在していた。その背景には、単に収容施設がない、新しく設置する手間がかかるというだけでなく、猫の祟りを恐れる心情や、猫を殺すことへの忌避感もあったようで、「どこの自治体でも、職員の抵抗が大きい（中略）ネコを扱うなら（職場を）やめる、というんです」と報じられている（『週刊ペット百科』三三、一九七五年）。従来犬の処分を引き受けていた業者であっても、猫も引き受けさせられるなら今後辞退したいという申し出をするものもあった（前掲「ペット様に役所当惑」）。犬の場合、狂犬病対策という大義名分があったのに対し、猫はただ単に殺すだけで大義名分がないため、特に職員は嫌がったようである。

むろん、動物保護管理法よりも早く猫の引き取りを行っていた自治体もある。東京都は一九六三年から東京オリンピックを控えて引き取り・殺処分を始めていたし、それ以前にも一九五〇年代に、保健所を通じて引き取った猫を、荒川犬抑留所や世田谷犬抑留所で処分し、「都指定の化製所へ送り、しぼって油をとり、カスを肥料に」していた時期があった（「捨てネコの処置」『読売』一九五四年一一月六日）。また京都でも府民からの野良猫の苦情を理由に一九七二年から動物の飼養管理に関する条例を制定、猫の引き取りを行っていた。

その後、各自治体で収容施設がととのえられていくが、その結果動物愛護団体の想定しなかった事態も起こった。一九七四年一一月に、古賀忠道元上野動物園長が会長を務める動物保護審議会が田中角栄首相に対し、引き取った猫や犬の動物実験への流用を認める答申を行ったのである（「ネコ界での問題点」『ねこ』一九七四年一二月号）。これはその後実行に移され、本来苦痛よりは安楽死をということであったはずが、さらなる苦痛を味わわせられる猫が出ることになったのである。

●猫の商業雑誌の誕生

以上のような問題のある法律ではあったが、それでも愛護団体の主張してきた法律が制定されたことに示されるように、猫をはじめとするペットの地位は高まり、猫の社会的存在感も次第に増大していく。それを明確に示すのは、猫の専門商業雑誌が登場したことである。

法律成立前年の一九七二年（昭和四七）、「猫と猫を愛する人のための専門誌」と題する戦後最初の猫の商業誌として『キャットライフ』（ペットライフ社）が創刊された。当初は季刊、第五号から隔月刊となり、一九七五年一月からは月刊化された。有名人の飼い猫や、海外の猫事情、猫の歴史にまつわる逸話、キャットショー情報など、猫のさま

36＝雑誌『キャットライフ』
当初から写真が多く掲載されている雑誌であったが，第8号からは判型をA4判のグラフ誌風とし（それまではB5判），よりビジュアル重視の雑誌となった．

ざまな情報を多角的に取り上げた雑誌であった（図36）。動物写真家岩合光昭や、その父の岩合徳光の写真も掲載されている。その後、一九七五年頃には、『キャット・ジャーナル』という雑誌がキャット・ジャーナル社から発行されていたらしいが、国会図書館にも所蔵されておらず、著者は未見である。月刊誌で、猫好きの動静、関連商品、純血種の猫などを紹介するものであったようである。

むろん、こうした雑誌の登場は、必ずしも猫の社会的存在感の上昇だけが原因ではなく、生活の「質」が追求される時代へと入るなかでの、活字メディアの多様化という要因もあった。総合雑誌や週刊誌に加え、各種の専門誌や業界紙、情報誌、男性誌、女性誌、生活誌など、さまざまなジャンルの雑誌が誕生していく時期であり、猫の雑誌や出版物も、そうした流れのなかで生まれてきたのであった。そして、こうした出版物の登場が、社会における猫のプレゼンスのさらなる増大をもたらすのであり、いわゆる「猫ブーム」の時代が、その後出現してくることになる。

●猫の食生活の激変

高度成長期以降、猫の生活において起こった、ゆるやかな、しかし、歴史的にみて大きな変化として、食生活の変化が挙げられる。この変化は、二つの段階を経ている。第一段階は猫の食生活が豊かになっていく時期で、第二段階はキャットフードが普及していく時期である。高度成長期に前者が始まり、後者は高度成長末期以降に普及していく。

一九五〇年代から六〇年代にかけては、キャットフードの存在はまだあまり知られていなかった。一九五七年（昭和三二）頃、アメリカに帰国する外国人からシャム猫をもらったある人物は、猫と一緒に受け取った猫缶と同様のものを買うために、ＰＸ（米軍の売店）やＯＳＳ（在日外国人向けストア）などの輸入商店をはじめ、方々探しまわったもののの、どんなに探しても見つからなかった。上野・アメ横の店で「猫の缶づめください」と言ったところ、猫肉を缶詰にしたものを探していると勘違いされ、そんなものは扱っていないと大声で怒鳴られたことすらあったという。東京ですらこうした状況であった（田中八重『おひげコレクション』日本猫愛好会、一九七〇年）。

実は、ほぼ同じ頃（一九五七年）から、日本国内でキャットフードの生産は始まっていた。食糧事情の好転につれマグロやカツオのフレークが売れなくなったため、余ったものを缶詰にしてアメリカに輸出したのである。しかし当初はすべて輸出用であったため、国内には流通していなかった（竹井誠「ペット・フード缶詰について」『ニューフードインダストリー』一九六二年八月号）。

●伝統的な猫の食生活

それでは高度成長期までの猫は何を食べていたのか。そもそも猫の食事といえば、江戸時代から、穀物に鰹節《かつおぶし》を混ぜたものや、人間の食べ残りの汁物をかけたものなどを与えるのが普通であった。少し贅沢な食事を与える家では、アジや煮干しなどを与えることもあった。また猫の健康よりも、ネズミ捕りの実用性の観点から食事を選ぶ人も多かった。あまり美味しいものを食べさせるとネズミを捕らなくなると言われることが多く、あえて貧弱な食事を与える飼い主や、自分でネズミや雀を捕って食べるのだから食事を与える必要はないと考える人も多かったようである。

一九六六年（昭和四一）の本にもなお、「ネコなんぞ、腹がへりゃ勝手にネズミでもとって食べてるもんさ、心配することぁないよ、という人がある」と（批判的にであるが）書かれている（乾信一郎『ネコの小事典』誠文堂新光社、一九六六年）。また食事と一緒に水を与える家庭は少なかったようで、「食物のみ与へて、水を与へない家庭が多いが、さう云ふ家の猫は、流し尻の水でも飲むか、又は溝の水でも飲むより外はないから、どうしても病にかゝり易い」（生方敏郎「猫」『文芸春秋』一九三四年二月号）と指摘されていたりもする。

いずれにせよ、高度成長期までは猫は人間の残り物を分け与えられるのが普通で、したがって前章で触れた通り、戦時期や戦後ほどない時期など、人間の食生活が貧しい時期には猫の食生活も貧しくなった。逆に、人間の生活が豊かになっていく高度成長期には当然ながら、猫の食生活も豊かになっていく。

●高度成長末期の食生活

一九七一年（昭和四六）に、猫の飼育状況の実態調査をした記録がある。岩田江美『猫からの手紙—飼い猫の実態調査』（私家版、一九七一年）で、玉川大学の卒業論文を冊子化したものである。アンケートは一九七〇年七月から一二月までに七〇六通を配布し、回収率は七五％（五四〇通）、回答は猫一匹につき一枚なので複数飼育している場合は複数回答となっている。記入者は三〇五名、うち男性四九名、女性二五六名。主婦が最も多く七九名、次いで学生七二名。知り合いの伝手でアンケートを送ったため、母集団が偏っている可能性があり、特に東京など都市部在住の回答者の割合が高い点に留意する必要があるが、当時類似の調査はなく貴重な資料である。

このアンケートによれば、ごはんに煮干しや鰹節を混ぜるなど、猫用の食事を作って与えているという回答が高い（ただし混ぜる内容は従来のような鰹節ばかりでなく、アジなどの魚を混ぜる例も多くなっている）。キャットフードを与えているのは全体の一五％程度にすぎない。またアジ、マグロその他の魚肉やあらを買ってきてそのまま与える例が次いで多い。猫の好物の回答としてはアジ（一〇五例）、チーズ（七六例）、牛乳（五八例）、イカ（五〇例）、ハム・ソーセージ（四七例）、煮干し（四三例）の順となっている。イカは今日では食べさせてはいけないものとされているが、当時は欲しがるままに与えることも多かったようだ。同様に現在は与えない方がいいとされるカニが好物という例も一六例ある。そしてキャットフードは好物のなかに挙がっていない。チーズや、ハム・ソーセージなどは、この頃人々の食卓に多くのぼるようになった食品で、人間の食生活の変化をそのまま反映していることがわかる。この他、レタス、せんべい、甘い菓子、ラーメン、バナナなど、人間の食べるものをそのまま分け与えている例も多い。さしみ（一七例）、牛肉の赤身（一三例）、うなぎ（六例）など高価な食事を与えている例も散見される。高価な食べ物を与えることについては、このアンケートを集めた人物の母親が、アンケートと同じ一九七〇年頃のこととして、次のような証言を書いている。

「猫にやる」というといやな顔をする魚屋がいる。世の中に食うや食わずの者もいるのに猫用に高いアジを買うなどと、いわれる向きもあるからうっかりは言えない。時には猫チャン用ならと奥の方から、少し腹の出た鮮度の落ちたアジをすすめられることがある。安いし魚屋の親切にこたえたいから買って帰るが、実際は猫のお気に召さないのだ。（岩田万里子ほか『猫の環』日本猫愛好会、一九八三年）

このように、少しでも猫の好きなもの・質の良いものをと考える飼い主は増えていた。高度成長期、人間の食生活の向上と生活の余裕とを反映して、猫の食生活は豊かなものになっていったのである。

●猫の現代病

この食生活の変化は、猫の身体や行動に二つの変化をもたらした。一つは、猫がネズミを捕らなくなったこと、もう一つは生活習慣病の発生である。この時期には、ネズミ捕りを目的に猫を飼育する人は相当少なくなっていたが、一九七〇年代前半に東京都千代田区が行ったアンケートでは、猫を飼っている家庭は四万五〇〇〇世帯のうち一五％前後、そしてその半分以上の家庭で、猫を飼っているにもかかわらずネズミが出るという回答で、区役所では、猫の食事の向上が原因だと判断している（「鼠を獲らなくなった猫」『キャットライフ』一九七五年五月号）。また一九七六年に新潟県が行った調査では、本気でネズミを捕まえる猫は全体の六％、気が向けば捕まえるものが三一％、合計しても三七％にしかすぎなかったという。これまた、以前は動物性たんぱく質が不足しネズミを捕まえていたが、いまは食生活が変わりその必要がなくなったことが原因だと推測されている（「我が輩はネズミを捕らぬ」『朝日』一九七六年七月二五日）。

また長田弘『ねこに未来はない』には、最近猫がネズミを追わなくなったが、その理由は「うまいものを食べすぎていて、ご飯にカツオ節という食事をわすれてしまったのだ。小骨ぬきや白身の魚。刺身ならトロなんてばかり食べるくせがついて、すぐに太って、糖尿病や動脈硬化になる。だから、腸が脂肪でつねに圧迫されていて、ねずみを追いかけたってすぐに息切れしちまって、あごを出してしまうのだ」と書かれている（長田弘『ねこに未来はない』晶文社、一九七一年）。猫は肥満で大型化し、糖尿病などの生活習慣病にかかることも増えていった。

●猫の身体異常の多発

一九七〇年代には食糧に含有される化学物質が原因と思われる、身体の異常も多発している。これは猫だけの問題ではない。例えば淡路島モンキーセンターで生まれたニホンザルに奇形が多発したことが知られているほか、一九七三年（昭和四八）には、愛知県で足に障害のある豚が多数生まれている。猫については、新聞記事で、江東区森下にある動物病院に、歩き方がおかしいと持ち込まれる猫が増え、その数は一九七一年一〇月から七四年六月までで六七匹にものぼり、そのなかには歩行不能になってしまった猫もいるとされている。共通するのは、魚だけを大量に食べさせていることであり、東京都公害研究所や東京大学医学部脳研究所との共同研究の結果、猫の臓器に水銀のほか、ＰＣＢ（ポリ塩化ビニール）、ＤＤＴ（有機塩素系農薬・殺虫剤）が検出され、その症状は水銀とそれ以外との科学物質との複合汚染から起こることがわかったという（「動物異変しきり」『朝日』一九七三年四月五日、「ネコ水俣病「胎児性」も出る」『朝日』一九七四年六月一四日）。

井沢房子『猫とともに』（日本猫愛好会、一九八五年）には、一九七七年はじめ頃の話として、近所のおばあさんが飼っていた歩けない猫たちを獣医に診せたところ、獣医が「最近はこのように腰の抜けた猫が多いですよ、まあ一種の公害猫でしょうか」と語ったという話が出ている。また若山奈都代『猫とわが家の歴史』（日本猫愛好会、一九八八年）には、一九七〇年代についての回想で、赤いかまぼこや赤いソーセージなど、赤い色の食べ物を好んで食べるチョボという猫がおり、「着色料の入ったのばかり食べるから、そのうち癌になるに違いない」と話していたところ、本当に癌で死んでしまい、そのようなものを与え続けたことを後悔したという記述がある。一九七〇年代の猫の飼育記録には、「このごろはアジは食べさせない（中略）ＰＣＢが入っているから」（羽仁みお「猫と結婚しています」『キャットライフ』一九七三年五月号）、「マグロのかん詰めが大好きだったラッキーチャンとかいう猫や、アジやカマスを喜んで食べてたミミちゃんという猫も、みんな病気になってしまったのよ。それも水俣病という恐ろしい病気の症状にそっくりなの」（「安心して魚を食べたい」『キャットライフ』一九七三年九月号）という記述が散見され、この時期の猫の飼い主の中には食品公害を気にする人も多かったことがわかる。

●キャットフードの登場

食品として心配されたという点では、当初キャットフードも同様であった。もともと一九六〇年代までは、キャットフードは売れ残りの魚を使った安価なものが中心で、「栄養学的に不良のものが多く、もちろん外国製品を含めて医師の立場からあまり推せんできるものは少ない」（D・K・オザワ「猫のフードと栄養について」『愛犬の友』一九六九年三月号）と獣医からも言われるものであった。一九六八年の日本猫愛好会の会報に、静岡の清水食品で輸出用に作っている缶詰を国内でも頼めば買うことができるとの情報が掲載され、「近頃、魚が高くなって、お互いに猫の食事には苦労しますが、カンヅメは安いので如何《いかが》でしよう」と薦められている（「猫用のマグロのカンズメ」『猫』一九六八年七月号）。推薦理由はあくまで「安いから」というものであった。味もいま一つだったようで、「キヤツトフードで育つたネコも鯵《あじ》を食べつけたら、もうあんなまづいものはゴメンといつたところです」とされている（「猫舌」『ねこ』一九六二年三月号）。

一九七一年発行の『ネコの飼い方ガイド』（愛犬の友社）には、「キャット・フードなどのインスタント食品が、愛猫家によく使用されるようになっています。キャット・フードは食事を与えるのに手間がはぶける事、貯蔵、加工、調理が簡単な事、栄養のバランス、味、吸収度が良い事などが愛猫家に好まれています」と書かれている。とはいえ、同書の猫の食事の章のうち、キャットフードに触れている部分は数行にすぎず、全体からするとごくわずかで、「よく使用される」といっても一九七〇年代前半にはまだまだ普及率は低かったと考えられる。

一九七二年に、ある飼い主は、カツオ味の猫缶を店で初めて目にしたので与えてみたところ、「気むづかし屋のチョビが鼻をブーブー鳴らして喰べるではありませんか、感激!!（中略）一七〇g五〇円、お値段の方も気に入りました」と書いている。しかし、それでも「続けて与えるとあきてしまいます。鯵の方がやっぱりよいのでせう。それで二回目は一寸《ちよつと》味をつけて与えます。こうして一週間に二ヶ使用。近くのマーケットにこのテのものが無いものですから地下鉄に二〇分乗って一回に一〇個買ってきます」「バターいため、卵とぢ、マタタビのふりかけという具合にすれば二、三日 mimy〔商品名〕だけでも何とか我慢してもらえます」と書いている（加藤みゆき「猫の献立のこと」『猫』一九七二年三月四月合併号）。やはり当時のキャットフードは安さ、手軽さが売りで、味付けをしないと猫がすぐ飽きるようなものだったことがわかる。また近所の店で手に入るものでもなかった。

同じ頃、日本猫愛好会会長の金崎肇が、アメリカ訪問時に、家でドライフードを食べている猫を見て、「アメリカのネコたちは食事ではなくてエサだから気の毒」、それに引き換え日本の猫は、残り物かもしれないけれども、毎日献立を変えてもらって幸せだ、と述べている（金崎肇『ねこネコ人間』創造社、一九七三年）。当初は、キャットフードの「手軽さ」ゆえに、そうした安易なものを猫に与える抵抗感も、猫に強い愛着を抱く人にはあったようである。

●キャットフードの普及

しかしこののち、国産のキャットフードが国内に流通し、次第にキャットフードはより身近なものになっていく。猫用缶詰（ウェットフード）は輸出向けがほとんどだったものが、一九六〇年代後半から国内向けにも供給され始める。国内向けの国産ドライフードは、ネット上の情報では、一九七二年（昭和四七）一〇月にキャットラインが発売した「キャネットチップ」が最初とするものもあるが、当時の複数の新聞報道では日本配合飼料の「キャットランチ」（五〇〇グラム入り三〇〇円）が最初とされている（「初の国産ネコのエサ」『読売』一九七二年九月二三日、「国産初のネコのエサ」『朝日』一九七二年一〇月四日）。いずれにせよ、この頃各社から相次いでキャットフードが発売された。一九七四年頃までは、ペットフードといえばドッグフードを意味する状況で、キャットフードの普及率は二％にすぎなかったようであるが、一九七六年の『キャットライフ』誌のアンケートでは、利用したことのある家庭が九九％以上を占める結果となっている。ただし、キャットフードのみに頼っている家庭は五％だけで、献立を考えて調理している家庭四八％、キャットフードと何かを混ぜて与えている家庭四三％となっており、残り物を与えているという家庭五％と、キャットフードのみを与えている家庭は、いずれも少数派となっている。とはいえ、時折与える程度であったにしても、かなり普及してきている様子はわかるであろう（「猫の食生活に革命が起こる⁉」『キャットライフ』一九七六年六月号）。農林水産省畜産局流通課が毎年発表していたペットフードの生産量統計でも、一九七七年まで、犬や鑑賞魚、小鳥などエサの生産量が独立項目だったのに対して、キャットフードは「その他」の項目に含められていた。それが一九七八年からは独立項目になる（「今や犬抜き〝ペットの主役〟」『読売』一九七八年一一月三〇日）。

当初キャットフードは、ペット専門店か、相当に品揃えの豊かな百貨店・大型スーパーに行かねば手に入らないものであったが、一九七〇年代後半以降、当時各地に広がり成長を続けていた町のスーパーにも置かれるようになった。またキャットフード自体も、栄養バランスに配慮したものが増え、当初「完全食」、のちに総合栄養食と呼ばれる、栄養バランスや猫の健康に気を遣ったものが登場する。こうして、八〇年代に入ると、キャットフードのみを食べさせる家庭が少しずつ増えていく。

その普及ぶりを流通量で見てみると、一九七〇年の六〇〇〇トンが、七五年に三六六五トン（六倍）、八〇年には一万五二四一トン（二五倍）、八五年に四万九六六二トン（八二倍）、九〇年に一一万二二九三トン（一八七倍）と雪だるま式に増えていく。こうした増加は一九九五年に二二万八七五〇トン（三八一倍）になるまで続き、それ以降はゆるやかな増加へと転じる（『ペットデータ年鑑&ペット産業二五年史』野生社、一九九七年、『ペットデータ年鑑二〇〇九』野生社、二〇〇八年）。また種類としては、初期においてウェットフード（いわゆる「猫缶」）が多くのシェアを占めていたが、次第にドライフードが増え、一九八〇年代半ばに両者が半々の割合となり、それ以降は少しずつドライフードがシェアを伸ばしていくことになる。

●猫の運動不足

他方で、運動不足の猫がこの時期増えていった。すでに述べたように、高度成長期から団地が増え、さらに一九七〇年代以降は高層マンションが増え、特に都会では集合住宅での居住率が上がっていく。また戸建においても、プレハブ住宅の登場で、以前の住宅よりも密閉性の高い住宅が増えてくる。さらに外では交通事故が増え続けていた。こうしたなか、団地やマンションで内緒で猫を飼う人が増え、かつ、交通事故を避けて、猫を室内のみで飼う人が出てくる。

こうした猫の生活環境の変化は、食生活の変化と相まって、猫の生活習慣病を多発させた。一九八四年（昭和五九）の新聞には、椎間板《ついかんばん》ヘルニアや歯槽膿漏《しそうのうろう》、神経性の脱毛症など、少し前までは考えられなかったような病気が都会暮らしの犬や猫に増えているとの記事が出ている。運動不足に加え、美食を繰り返す一方で、ストレスを発散する場所もないというのが最大の原因であるとされ、「住環境の悪化はもちろんだが、ろくに外で日も浴びさせないような飼い方をしているから、たくましさに欠けてしまうことになる」という新聞の報じ方から考えれば、室内飼育は良くないものと考えられていたこともわかる（「ペット哀話 都会人並み 病んでます」『読売』一九八四年一月一四日）。

また歯や歯茎のトラブルも増えた。一九八五年の記事によれば、飼い猫の三割以上に歯石が付着し、歯槽膿漏なども多発、「自分が食べておいしいからといって、やたらに軟らかいもの、味つけの濃いものをペットに食べさせる。歯石をとるには硬いものを食べさせなければいけないのに」とされている。またかつては味噌汁のダシを取るために、どの家にも煮干しが置かれていたが、ダシの素や即席みそ汁が増えた影響で、煮干しが台所から消え、結果として猫が煮干しなどの硬いものを口にすることが減ったことも、歯石などの増加につながっていると報じられている（「動物たちの現代病」『読売』一九八五年六月四日）。むろん、それまでも歯の病気がなかったわけではないだろうが、猫の寿命が伸びたこと、また病院に連れていく飼い主が増えたことなども、こうした病気の発見数が増えたことの一因であっただろう。また、一九八〇年代半ば以降ドライフードがウェットフードを超えて普及するようになっていくのは、猫の口内環境を考慮する飼い主の増加が関係していると考えられる。

●猫のトイレとトイレ砂

この時期登場したものとしては、ほかに猫用のトイレ砂が挙げられる。三章で触れたように、もともと猫用のトイレは、江戸時代から「ふんし」と呼ばれる砂箱が使われることも多かったが、多くは子猫用で、「ふつう成猫になれば、外出のおり、あるいは庭先に出て行つて用を足す」（ふくだ・ただつぐ「続ニイ君のおもひで」『猫の会』一九六三年七月号）ので、ニオイが気になることもあって、家に猫用のトイレを置かない家庭も多かった。前述の一九七一年（昭和四六）のアンケートでも、大小便は屋外で勝手にさせるという回答が一番多く二六〇例、猫用トイレではないが決めた場所でさせるのが六八例で、両者併せて三二八例、逆に猫用トイレを置いているのは一五二例にとどまっている（前掲岩田江美『猫からの手紙』）。

しかし密閉度の高い家やマンション等で室内飼育をする場合にはトイレを置かないわけにはいかない。高度成長期の飼育者には、砂の入手が困難であり、夜中に団地の遊び場の砂場の砂をひそかに集めにいったという回想も多い。「砂不足で、砂を大切にと、コロリのウンチはお箸で捨て〻、オシッコクサイ砂に何度も水を流しました。アンモニャくさい砂を、アパートの人達に小さくなって干した」（坂楓『黒く焼いた竹垣の柱で』日本猫愛好会、一八六五年頃）というような回想もある。しかし「室内は汚れるし、砂の入れかえは大変であるし、第一、季節によっては臭気がこもってたまったものではない」（川瀬みつよ「猫の住居　きゃってりい考現学」『愛犬の友』一九六七年五月号）ため、新聞紙や週刊誌をちぎったものを利用する人もいた。トイレの器も、金ダライ、ダンボール、木箱など、人によってまちまちであったようである。

プラスチック製の猫のトイレや、猫専用のトイレ砂は、一九六〇年代に輸入品として登場し始めた。ニオイ対策に香料入りの砂などもあったようだが、高価でもあり使用する人は少なかったようである。一九七〇年代半ば以降、国産品も登場して、猫のトイレは広く普及していくことになる。特に猫を扱うペットショップが増えていくことが猫用の諸製品の普及を後押しした。トイレ砂については消臭作用にさまざまに工夫を凝らす商品や、ゴミとして捨てたりトイレに流せたりする商品が、一九八〇年代に多数登場するようになる。

なお、ニオイに関連して言えば、この時期、猫のニオイについての苦情も増えている。しかし、高度成長期よりも前には、ニオイが元になったトラブルの記事は、新聞や雑誌にほとんど出てこない。部屋で猫が糞をしたならともかく、近隣の猫のニオイまでを気にする人はほとんどいなかった。風呂に毎日入るわけでもない人間も多く、また人間の便所も汲取式、町中にもごみ溜めやら何やらがあって、猫のニオイのみがとりたてて気になる状況ではなかったからである。しかし都市が過密になるとともに、衛生に人々が気を遣うようになり、ゴミ収集の制度や、水洗便所の整備、さらに各家庭に風呂が備わるなど衛生環境が向上すると、人々はニオイに敏感になり、近隣の猫のニオイを気にする人々も多くなる。

●猫を扱うペットショップの登場

トイレなどの猫用品の背景にペットショップの増加があると述べたが、もともと犬屋と小鳥屋は戦前から存在していた。しかし、猫を専門とする店は、ペスト対策に猫飼育が奨励された時期を除けば存在せず、養蚕地域の近辺にネズミ捕りのための「猫市」が立つ程度であった。戦後になっても高度成長期まではペットショップは小型店が中心であったこともあり、小鳥、犬、観賞魚が三大品目とされ、このうちの一つを主力とする店が多く、猫は扱っていない店が多かった。猫は人から貰うのが当たり前で、購入するものではなかったからである。しかし一九七〇年代半ばから、ペットショップが大型化・総合化していくのと並行して、猫（洋猫）を扱う店が増えていく。それと同時に洋猫を飼育する人も増える（それまでは洋猫は、猫関係の団体に所属するブリーダーや、知り合いを通じて入手するのが普通だった）。

こうしたなか、猫を前面に押し出した専門店も登場する。代表的なものは東京・中野にあったキャッテリー・ブリヂストンである。もともと同店は犬を扱う店であったが、一九七三年（昭和四八）頃から猫を扱うようになり、七五年には猫専門のフロアを開設して、一躍有名になる。さらに一九七七年には銀座に猫専門の支店をオープンした。一九七五年、仏文学者の三輪秀彦は、一軒家から高層マンションに引っ越したために猫のトイレが必要となり、ペットショップ（ブリヂストンと思われる）に初めて足を踏み入れた際の記事を書いている。「ネコ用の便利なトイレがあるとの話を耳にしたので、ぼくはペット・ショップなる店へ行った。〔中略〕そこはなんとネコ専門のキャット・ショップで、数万円もする舶来ネコをはじめ、およそネコに関するあらゆる品物を売っている」「お嬢さんにすすめられるままに、ネコ用トイレ、即乾性の砂、おまけのネコのツメとぎ用の棒まで買ってしまった」と記している（三輪秀彦「ペットになったネコの話」『読売』一九七五年一二月一一日夕刊）。それまで長年にわたり多数の猫を飼育してきた三輪が驚くほどに、猫用品を揃えるペットショップは目新しいものであった。

ペットショップが増えて猫用品を扱うようになるにつれ、猫のグッズもさまざまに増えていく。一九六〇年代までは、猫用のおもちゃなどは自分で作ったり、身近にある紐や草などを使って遊ばせるのが普通であった。しかし、最初はアメリカなどからの輸入品として、次いで国産品として、猫用のおもちゃ、キャットタワー（当初「クライミング・ツリー」とか「キャット・ツリー」などと呼ばれていた）、爪とぎなどさまざまな商品が供給され、利用する人が多くなっていく。むろん例えば一九七八年の時点で、キャットタワーは三段のものが三万円、一段のものでも二万円と、当時の大卒初任給が約一〇万円程度（厚生労働省「賃金構造基本統計調査」）であったことを考えると非常に高価であった。しかし一九八〇年代に入ると供給量の増加に比例して値段が下がっていく。

また猫の胃にたまる毛の固まりを吐き出すための「猫草」が登場するのもこの頃である。もともと一九六〇年代には、「わが国では、家の構造から、完全に家の中で飼う猫は少いから、家人が知らぬ間に外で草を食べ、〔毛の固まりを〕吐いていることが多い」（金崎肇『猫の百科事典』日本猫愛好会、一九六五年）と記されるように、猫が毛を吐き出す必要があること自体あまり認識されていなかった。しかし、高度成長後、室内で飼われる猫が出てくることで、日本の猫の飼い主にとっても対処が必要な問題と考えられるようになり、一九八〇年代からペットショップで売られるようになる（ただし近年では、毛を吐き出すのに必ずしも「猫草」は必要ないとも言われるようになってきている）。

●「家族」としての猫の萌芽

高度成長後の一九七〇年代後半から八〇年代前半にかけて、猫の生活環境の変化が顕著になっていく。ペットショップに驚いた三輪秀彦の飼う三匹の猫は、「以前は生のアジしか食べなかったのに、いまやペットフードと煮干しだけで堪能」するようになり、「ぼくはしぶしぶながら、わが家のネコがペットになったことを認めざるをえない。昔のあの野性的な本能はどこへ行ってしまったのか。鳥をねらい、虫と戯れ、大地をころげまわって遊んでいたあの自由奔放さ、人間の存在なぞ無視して気ままに生きていた習性はどこに消えてしまったのか」「三匹とも以前より人間に関心を多く示すようだ。イヌみたいに人の顔色をうかがうとまではいかなくても、どことなく人間に期待している素振りが感じられて、いやらしい」と記している（前掲三輪秀彦「ペットになったネコの話」）。室内飼育で長い時間人間と一緒に過ごすようになることで、猫は従来よりも人間の動向を気にするようになった。他方、人間もまた猫が常にそばにいることで、猫の動向により気を配るようになり、猫が「ペット」から「家族」へと近づいていく。

むろんいまだ一九八〇年代には、室内飼育は全体からすると少数派であり、また猫自体の人気も、犬に遠く及ばなかった。一九八一年の総理府「動物保護に関する世論調査」によれば、犬を好きと答えた人が全体の五五・八％にのぼる一方で、猫を好きと答えた人は二九・六％と、大きく差をつけられている。逆に嫌いな動物として、猫と答えた比率は一七・一％で、猛獣・爬虫類・昆虫類以外では、最も嫌われる存在となっている（なお犬を嫌いと答えた人は猫の半分以下の七・二％であった）。

それでも、「人は十人に六人猫を厭う」（木村荘八「猫」『木村荘八全集』第五巻、講談社、一九八二年、原本一九二一年）とか、「十人のうち、七人までが（猫を）嫌い」（丘羊子「セント・エリザベス病院の猫たち」『愛犬の友』一九六三年一二月号）と言われた過去の状況に比べれば、猫好きの比率は相当上がってきてはいた。そしてさらに、次節で見るように、一九七〇年代末以降、日本は慢性的な「猫ブーム」の時代に入っていくことになる。

2　慢性的「猫ブーム」の光と影

●「猫ブーム」時代の開始

本書の読者の皆さんは、いったいいつ頃から「猫ブーム」が始まるとお考えだろうか。メディアに「猫ブーム（ネコブーム）」の言葉が最初に踊ったのは、今から四〇年以上も前、一九七八年（昭和五三）のことであった。それ以前にも使用例がないわけではないが、複数のメディアに同時多発的にこの言葉が現れ、社会現象として認知されたのは、明確にこの年が最初である。それ以降、波の上下はありつつも、ほとんど慢性的な猫ブームの状態が今日まで続くことになる。

ブームは、その前年一九七七年からすでにその兆しが見えていた。前述したブリヂストン銀座店の開店も一九七七年であり、また同年一〇月には、CBSソニーから、三二匹の猫の鳴き声が吹き込まれたレコード『ねこ・その素晴らしき世界』が発売され、話題となった。おそらく史上初めての猫の鳴き声によるレコードであろう。全長二八キロにものぼるテープに猫の鳴き声を録音し、それをもとに編集したものだが、レコーディングでは、マイクに爪を立ててガリガリ引っかく猫もいて大変だったという（「猫が歌うニューポップス」『ペット経営』一九七七年一一月号）。同年後半には、猫の写真とエッセイを集めた『猫　優雅と野生の貴族』（毎日新聞社）や、また古今東西の猫の絵画を集めた『ねこの絵集』（クイックフォックス社）が出版され、ポール・デービスや山城隆一、浅井慎平や矢吹申彦《のぶひこ》といったアーティストの個展にも猫の絵が出品されるなど、芸術界でも猫ブームの兆しが見られた（「加熱するネコ・ブーム」『芸術新潮』二九―一、一九七八年）。

●猫本ブーム

こうした前年からの流れを受け、一九七八年には一気に「猫ブーム」が花開く。例えば猫の写真集がこの年数多く発売された。写真集自体は、一九七一年に西川治『ねこ maminette』（ベストセラーズ社）が発売されてロングセラーとなり、また翌年には山と渓谷社から本多信男『猫』が発売され、以降この二人が牽引する形で毎年コンスタントに発売されるようになっていた。しかし、一九七八年には、西川治『ズッケロとカピートに仔猫が生まれた』（草思社）、熊井明子・西川治『夢色の風にのる猫』（サンリオ）、岩合光昭『愛するねこたち』（講談社）、広田靚子・山崎哲『ねこ』（保育社）、深瀬昌久『サスケ!!　いとしき猫よ』（青年書館）など多数の写真集が一気に発売された。また本多信男の写真に乾信一郎の文章を組み合わせた『猫の本』（山と渓谷社）や、大佛次郎『猫のいる日々』（六興出版）、庄司薫『ぼくが猫語を話せるわけ』（中央公論社）、鴨居羊子『のら猫トラトトラ』（人文書院）など、のちのちまで名作として読みつがれるような猫のエッセイも、この年に多数発売されている。一九七七年下半期から七八年にかけて発売された猫関連の書籍は四〇冊以上にのぼり、新宿の紀伊国屋書店、神保町の書泉、銀座の近藤書店や旭屋書店など、都内の大型書店は次々と猫本の専門コーナーを設けた。雑誌『クロワッサン』（マガジンハウス）は、一九七九年六月に、「なぜ猫の本はこんなに多いのだろう?」という特集を組んでいるが、わずか一〇年ほど前に「日本では猫に関する本の出版が殆どないのは淋しい」（「猫の本」『猫』一九六七年八月号）と言われていたのが信じられないような状況になったのである。

またテレビや新聞の広告でも猫が引っ張りだことなり、「テレビコマーシャルでは、電気製品、衣類、百貨店。ネコの登場するコマーシャルは十本を超えた」「新聞広告でも、自動車、家庭用ビデオなどに」登場し、「いたるところでネコが目につく」状態になっていたのである（「ニャぜかネコブーム」『朝日』一九七八年二月三日）。一九七九年一月には、ペルシャ猫と加藤剛が主演を務めるテレビドラマ『猫が運んだ新聞』が放映された。

●『猫の手帖』の創刊

一九七八年（昭和五三）には雑誌『猫の手帖』（猫の手帖社）の発刊も話題となった。写真を多用した『キャットライフ』に対し、初期の『猫の手帖』はＢ６判の小さい判型に文字のびっしりと詰まった雑誌であった。また『キャットライフ』や従来の写真集が洋猫を扱うことが多かったのに対し、この雑誌は、「生活のなかの猫」をテーマに、「どこにでもいる猫」を取り上げることを編集方針とし、また読者参加型の紙面構成も特色であった。

同誌の創刊準備号は二万部以上を売り上げ、読者からは大きな反響があったという。投書には、例えば、これまで洋猫はともかく、そこらにいるような「駄猫」を好きだと言っても、人から怪訝な顔をされることが多く、「友人同士でペットの話をしても、「私は犬」と胸を張る人は多いが、「猫が好き」という人は、ややはにかみ加減」だったが、この雑誌が出たおかげで状況が変わった、「猫と猫好きに〝市民権〟を与えてくれてありがとう。駄猫本位にやってほしい」と、雑誌の発刊に感謝を伝えるものが多かったという（「〝愛猫族〟大よろこびのネコ・ブーム」『週刊読売』一九七九年一月二一日号）。有名人や富裕層が飼育する洋猫ばかりでなく、「どこにでもいる猫」を取り上げる雑誌が登場したことは、明確に猫の社会的地位が上がったものとして捉えることができるだろう。

一九七九年には、八鍬真佐子により『ねこ漫画新聞』が発刊された（ただし図書館所蔵がなく著者は未見である）。私家版ではあるが、猫を題名に入れて「新聞」と名乗ったものは戦前の『犬猫新聞』以来のことであった。

こうした猫ブームは、以降もコンスタントに続いていく。毎年多数の猫の写真集が発売され、一九八一年には、いわゆる「なめ猫」、すなわち「なめんなよ！」の決め台詞とともに、学ランやセーラー服を着た不良少年・少女風の出で立ちの猫の写真を用いたポスター、ミニカード、写真集などが大ヒットする。同年一一月にはレコードまで発売された（ただし歌っているのは人間）。翌一九八二年にはＮＨＫのテレビ小説『天からやってきた猫』、ＴＢＳ『加世子の仔猫の館』などのテレビ番組が相次いで製作された。さらに猫型ロボットの登場するアニメ『ドラえもん』や、小鉄やアントニオといった名の猫が重要なキャラクターとして登場する『じゃりン子チエ』などのテレビ番組もこの年である。翌年にはミュージカル『キャッツ』が日本初演となり、さらに翌一九八四年には、小林まことの漫画『What's Michael?』（講談社）の連載が始まり大ヒット。一九八六年には実写テレビドラマ化され、八八年にはアニメ化された。また一九八六年には、畑正憲による映画『子猫物語』が大ヒットし、興行収入九八億円、当時において邦画の歴代二位となる興行成績を収めることになる。また『猫の手帖』や『ＣＡＴＳ』（一九八四年に『キャットライフ』から改題）などの雑誌も大きく部数を伸ばした。

一九九〇年代に入ると、「猫ブーム」の言葉は以前ほど使われなくなるが、それは猫人気が低下したことを意味するのではない。この時期はテレビＣＭなどの影響で小型犬の人気が出たため、猫と併せて「ペットブーム」という言葉が用いられることが多いが、猫のブームが続いていたことには変わりなく、猫の品種紹介書なども毎年出されコンスタントに売れた。九〇年代に特に目立っていたのは雑誌『猫の手帖』で、最盛期には公称一六万部に達した。本誌のほかに、動物愛護から読者投稿の面白写真まで、九〇年代だけで約二〇冊の別冊書籍を発売し、九八年にはＶＨＳビデオ版の『猫の手帖』も出た（三巻まで発行）。

一九九一年度にはキャットフードの年間売上高がドッグフードを抜き、流通量もそれまでの一〇年間で、犬用が二・九倍の増加だったのに対し、猫用は八・三倍の急成長であったと報じられている（「ネコがイヌ追い抜く　フード年間売

上高 急上昇」『猫』一九九三年立春号)。また一九九四年には予約購読制の『ねこ新聞』(猫新聞社)が発刊される。月刊だが、判型はタブロイド判の新聞形式のものである。このほか、猫に関する書籍は右肩上がりに出版され続け、猫が出演するテレビCMなどもコンスタントに作られた。

●猫ブームの背景

それではなぜ一九七〇年代末以降、ペットのなかでも特に猫のブームが始まったのか。一九七〇年代末の各新聞・雑誌でも、なぜ猫なのかの議論がさかんに交わされているが、その多くに挙げられているのは、都市化、特に団地やマンションが増えたことである。確かに、犬はこの頃まで庭で飼育するのが普通であり、かつ吠えるためにマンションや団地での飼育には適していない。猫の場合には、団地やマンションでは飼育が禁止されていても内緒で飼う人も多く、それが猫人気を牽引したというのである。団地・マンションの多い都市が猫ブームの発信源であったことは、東京都が初めて本格的な猫の飼育数調査を行った一九九六年の調査で、すでに猫が犬の飼育数を大幅に上回っていることから考えても、当たっているように思える。

一九八〇年(昭和五五)六月に『キャットライフ』に掲載された読者アンケートの結果では、猫を室内のみで飼育している人が二六三名、出入り自由にしている人が一七二名、屋外だけで飼育している人が六名となっている。むろん、当時まだ全国的には室内飼育の比率はそこまで高くなかったと思われるが、猫の雑誌や書籍を買う＝猫ブームの一角を担う層に、都会で室内飼育する人々が多かったことは間違いないだろう。また前述したキャッテリー・ブリーダーストンの店主は、一九七八年の記事で、「最近、猫が面白いように売れるんです。ペルシア猫、シャム猫、ヒマラヤン、一匹十五万円前後の高価なものが、日に少ないときで一匹、多いときは四、五匹出ていきますよ」「猫ブームの原因は、マンション生活者でも飼育できること、インテリ層が猫の魅力に気づいたこと、豪華な気分にひたれることの三つでしょう。ＯＬ〔女性会社員〕にとって、猫はまさに〝動く宝石〟、音楽と猫のある生活が現代人の夢だそうです」（「ニャーニャーたる猫ブームに犬派からワンワンたる反論あり」『週刊現代』一九七八年三月二日号）と語っている。一人暮らしの女性が特に飼育し始めたことは、一九八〇年に『マイノート14ネコ』（鎌倉書房）という、都会で猫を室内飼いするためのガイドブックが出されていることにも表れている。同書の表紙には、「ネコとわたし、ワンルームでちょっと気ままな暮らしぶり」と書かれている。これらからは、メディア情報に基づき、猫にファッション的な付加価値を求める人が、都会を中心に増えていたことがわかる。

なお、すでに述べたように、かつては猫に「不潔」というイメージを持つ人が多かった。しかしこの頃には、猫の不潔イメージは薄らいできていた。室内飼育の場合はいうまでもなく、また外に出入りする猫であっても、舗装化が進んだ都市にあっては、以前のように泥だらけになった猫や、汚れた足で家の中を汚す猫に接する機会は減っており、また獲物のネズミで室内を汚すこともなくなった。さらに、七〇年代から八〇年代にかけて、各家庭にエアコンが徐々に普及していくことで、夏に家のドアや窓を閉じる家庭が増えたことも、密閉性の高い住宅が増えていくことと相まって、他人の家に入る「泥棒猫」の減少につながった。さらに、スーパーマーケットの増加や、洗濯機・冷蔵庫などの家電製品、惣菜や調味料、インスタント食品などの普及で、家事負担は以前より格段に軽減され、女性、特に子育て前の女性が猫の飼育を忌避する理由も減ってきていた。こうしたなかで、カラー写真や印刷技術の普及で猫の写真集や雑誌が多数出され、さらにはカラーテレビで猫のテレビCMが作られることで、猫の美しさ、かわいらしさ、優雅さといったものがクローズアップされ、人々を魅了することにつながったのである。

●猫ブームへのアンチテーゼ

しかし実は、メディアを騒がす「猫ブーム」に対して、危惧の気持ちを強く持ったのも、他ならぬ猫好きの人々であった。当時の猫雑誌などには、猫のブームを一定程度歓迎しつつも、「ブームはいつか去るものなのです。その後に来るのは何か…巷にあふれるノラ猫たちとノラ本たち…？」（「猫の本」『キャットライフ』一九七八年一二月号）というように、それを不安視する記事も目につく。ブームのなかで、猫の商品化が進み、とにかく売れればいい式の業者も増える。そうした業者は、劣悪な環境で繁殖を行ったり、売れ残った動物の殺処分や、実験用動物としての払い下げなども行った。

一九七八年（昭和五三）のブームの三年後、「なめんなよ！」の「なめ猫」が大流行しているそのときに、ある雑誌には「すてんなよ！」と題して、捨て猫を引き取って約一〇〇匹の猫を育てている「猫寺」の紹介記事が出ている。記事には、引っ越すから、皮膚病になったから、大きくなってかわいくなくなったから、と猫を捨てる人が跡を絶たないと書かれている（「すてんなよ！　「猫ブーム」といわれる陰で」『週刊サンケイ』一九八一年一二月一〇日号）。野良猫に対する苦情は減らず、新聞に野良猫排斥の意見と、猫がかわいそう、猫をいじめるな、という投書が交互に掲載される状況が一九八〇年代に入っても続いた。生活の豊かさへの意識が高まるなかで、行政の果たすべき範囲も拡大し、上下水道や道路などの基盤整備だけでなく、都市環境や社会福祉などの生活の質の向上のためのさまざまな側面に及ぶようになっていくと、人々の行政への要求も増え、そのことがまた苦情の増加につながった。また野犬の駆除が進み、都会で野良犬の姿を見ることが少なくなったことで、猫は最も苦情の多い動物となっていった。

また、大量消費社会の到来のなか、残飯類が増え、蓋のできるゴミ箱にかわって、爪で破きやすいビニール製のゴミ袋が普及するのと相まって、猫がゴミ集積場を荒らす、という苦情も増えた。そうしたなか、猫をめぐるトラブルが頻発し、虐待事件にまで発展する例も多かった。動物愛護団体のもとにも、「金魚をとった猫、殺してやりたいわ。池に網をかぶせろなんていう人があるけど、猫を閉じこめておくのが順当でしょ！」「こんなに過密なのに動物を飼うなんてエゴです！」「あくまで猫をかばおうというのなら、お前の所の電話が使えないようにしてやる」といった苦情が連日寄せられた。一方、猫の飼い主からは、「近所の時計店で、屋根に日なたぼっこにくる猫がノミを落とすというので、劇薬を散布し、ために、歩きまわった猫が何匹も殺されてしまいました」「夜、ダーツ（投げ矢）で猫を殺して家の前に置かれました」「広大な敷地の資産家なんですが、ねことり器を方々に仕掛け、入った猫はそのまま餓死させてしまうんです」というような報告が多数寄せられていた（「特集　再び猫との生活を考える」『猫の手帖』一九八一年二月号）。

毒物を撒くなどで猫に危害を加えようとする事件も頻発した。一九八四年五月だけでも、静岡県田方郡函南町で毒入りカステラ、東京都練馬区で毒入りチクワ、東京都武蔵村山市では毒入りハム、そして埼玉県川島町では毒入りカラアゲ、大阪市平野区では毒入り焼き肉がばらまかれ、多数の猫や犬が死亡している。そしてこうした事件の背後にはやはり地域の人間関係の隔絶が存在した。一九八九年には川崎市で脚を切断された猫が多く発見される事件が発生していたが、その際に、保健所の担当者が「猫好きは連帯するけど、猫嫌いは孤立するから心配」と話したように（「検証ネコ受難時代」『週刊読売』一九八九年七月二三日号）、極端な行動に出る人には、地域社会とのコミュニケーションがなく、疎外・孤立している人であることが多かった。逆に、猫の多頭飼い、飼育崩壊などもこの頃からたびたび問題になるが、そうした人もまた、地域社会から孤立した人であることが多い。そもそもペットブームの背景の一端には、人間社会の複雑化のなかで、人間よりも猫や犬の方が信頼できる、というような意識を持つ人が増えていたこともあった。人間社会の機能不全のしわ寄せが、猫ブームと猫への苦情との両者に影響していたのであった。

●猫問題と地域社会

ただし、メディアを賑わす苦情だけを見ていると気づかないことであるが、実際には猫を飼育していても、近所とのトラブルを回避している人の方が多かったことも事実である。例えば、『キャットライフ』のアンケートでは、近所から猫に関して苦情があると答えた人は五五名で、なしと答えた三六一名に比べ圧倒的に少なかった（なお不明と答えた人が四〇名）。気づいていないだけで、自治体などに苦情をされていた可能性もあり、また同誌購入者には室内飼育者が多かったことも影響していようが、しかし近隣とのコミュニケーションをしっかり取り、トラブルを招かないよう気をつけている人も多かった（「愛読者アンケート報告」『キャットライフ』一九八〇年六月号）。同誌の座談会では、近所に迷惑をかけたときには、例えば自分の猫がやったかどうかわからなくても、他の猫の分まで責任逃れをせずに引き受けることが大事、とか、人間関係が基本なので、近所との関係をうまくやることが大事だと語られている（「緊急座談会　ネコも放し飼いはできなくなる?!」『キャットライフ』一九七九年一〇月号）。

また一九八〇年（昭和五五）頃、埼玉捨猫防止会が所沢市内各地自治会の協力を得て地域にアンケートをとったところ、猫に食べ物、鳥、金魚などを捕られたことがあると答える人が六五％に上った一方で、しかし自治会としては、「空き缶（のポイ捨て）の問題の方が深刻」「旧住民は昔から野良猫に残飯を与えている。被害があっても苦情にはしない。被害は人間の工夫で防ぐことができる」という意見が出され、必ずしも猫に敵対的ではなかった。自治会を構成する古くからの住民は、多少の問題があっても地域の人間関係を優先し、関係を保っていた。これに対し、地域との関わりの薄い新住民の場合、「地域の話し合いを素通りし、苦情が行政へストレートに飛び込み、処理される」という実態があった。つまり、問題は猫や飼い主だけではなく、このように「互いに許し合うことのない近隣」の人間関係にあった。

むろん、野良猫が増えすぎていること、無責任な飼い主がいることも事実であり、また新住民の苦情だからといって無視するわけにもいかない。前述の所沢のアンケートを行った団体は、このアンケートののち、四年間にわたって、寄付やバザー、内職などで集めた資金をもとに、四〇〇万円の補助費を使い六〇〇匹の不妊手術を実施するなど啓発に努めた。その結果、飼い主の自覚も高まって、年間一二〇件あった苦情が、一九八三年には三七件になり、八五年にはほとんどなくなったという。それまで所沢市は猫を捕らえる檻を貸し出しており、それを愛護団体は批判していたが、こうした啓発活動の結果、檻の貸し出しを求める人もほとんどいなくなったため、一九八六年七月に貸し出し制度は廃止されるに至った（関谷佐多子「増える野良ネコ不妊手術普及を」『猫』一九八六年秋分号）。

●東京都猫条例制定の動き

一九七九年（昭和五四）、東京都では、前年からペットの猛獣が飼い主を襲ったり、逃げ出したりする事件が相次いだこともあり、ペットの飼い主に愛情と責任をもって飼育するよう求める「ペット条例」を制定しようという動きが始まった。すでに京都府や川崎市など、ペットの飼育に関する条例を制定する自治体は複数存在したが、この東京の条例の草案には、猫の室内での飼育を求める条文や、野良猫や野良犬を捕獲するために係員が人家や土地に立ち入ることができるとする条文が存在したために、反対の意見が噴出、都内の動物愛護団体一一団体は、九月七日、動物虐待につながりかねないとして修正要求を提出した（「ペット条例修正を愛護一一団体が申し入れ」『キャットライフ』一九七九年一〇月号）。

これとは別に、『猫は知っていた』（大日本雄弁会講談社、一九五七年）などの作品で知られる作家の仁木悦子ら著名人が反対運動を行い、注目を集めた。仁木は「ネコは放し飼いが本来の姿で、この条例は動物愛護の精神にもとります。避妊、去勢など迷惑防止にはいくらでも方法があります」として批判、著名人らに声をかけて署名運動を立ち上げ、作家の池波正太郎、戸川幸夫、向田邦子、松谷みよ子、吉行淳之介らをはじめ、橋本明治、向井潤吉らの画家、鈴木義治、福地泡介、和田誠らの漫画家・イラストレーター、檀ふみ、ペギー葉山、田中伝左衛門らの俳優・音楽家など一一三人の署名を集め、一〇月一一日に鈴木俊一都知事に反対意見書を提出した（「〝文化的怒り〞ネコ応援団」『読売』一九七九年一〇月一二日）。

また一〇月一九日には、愛猫団体や仁木悦子、画家の松島かじゅこ、八鍬真佐子らが集まり、ペット条例に反対する抗議デモを行った。猫に直接関わる要求を掲げたものとしては日本最初のデモであった。あいにく当日は大型台風の直撃で大荒れ模様であったが、それでも約一〇〇名が集まり、日比谷公園から東京駅八重洲口までを行進した。解散後、代表者数名が都知事、議会等に決議文を手渡した（「〝東京ペット条例〟反対、台風下のデモ行進」『キャットライフ』一九七九年一一月号）。

こうした反対運動の効果あって都議会の空気も変わり、都議会衛生労働経済委員会において自民党の菅沼元治委員が「ネコの本能、習性に反する」と批判すると、野良猫化を防ぐには別の方法がある、などの応援発言が相次ぎ、結局反対の多かった条文は削られ、他人に迷惑をかけないように飼養するよう努めなければならないという趣旨に修正された（「〝ネコ条例〟逃げ足」『読売』一九七九年一〇月一八日、「都のペット条例一部修正で可決」『読売』一九七九年一〇月一九日）。

●外猫の黄昏

この反対運動からは、猫は外に自由に出入りするのが当たり前で、室内に閉じ込めるのはかわいそう、という考え方がまだ根強かったことがわかる。この時期、室内で飼育される猫が増える一方、「アパートや借家で猫を飼うことの難しさを痛感するこの頃ですが、それにつけても思い出すのは、草っ原で遊び回り草の実をいっぱい体につけて帰ってきた猫を抱きしめた時の、日なたの匂いやあの温かみなのです」（「編集室から」『キャットライフ』一九七八年一二月号）というように、室内飼育はやむを得ないことで、必ずしも望ましいことと思っていない人が多かった。

前述したようにこの問題は東京都ペット条例の策定時にも議論になっており、「ネコを室内に閉じ込めようというのは、その習性に反し、動物愛護の精神に反する」「いや、野放ししておくと、他人に迷惑をかけネコぎらいをふやす。車にはねられるかもしれないし、ネコにとってはかえって不幸」というような議論が、東京都議会衛生労働経済委員会で交わされていた。議論の最後は「大体、ノラネコがいけない。何とか減らす方法はないものか」「ノラのためにペットネコがとばっちりを受けている」と野良猫対策に話が傾くことになった（「ネコを真に愛する者は」『朝日』一九七九年一〇月一八日）。猫の飼い方の議論のまとまりがつかないことを、野良猫に矛先を向けることで、何とか条例をまとめていく方向に持っていったのである。そしてこの時期以降、次第に飼い猫と野良猫との「格差」が大きくなっていく。室内で大切に飼われる猫と、迷惑とされる野良猫とが分離していくのである。これ以前、猫を自由に外に出入りさせる飼い方がほとんどだったときには、野良猫と家猫の境界はゆるいものであり、野良猫だったものが家に居着いたとか、家の猫をしばらく見ないと思ったら他の家で飼われていたとか、あるいは自ら好んで野良になっていたとかいうこともよくあることであった。飼い猫と野良猫の中間に「通い猫」とか「半野良」などと呼ばれる領域も存在していた。

●猫の文通

猫が自由に外と内を行き来するのが当たり前であった時期には、猫の首に手紙を付けて、互いに文通するというようなこともしばしば行われた。一九五〇年（昭和二五）の『読売新聞』には、新宿区牛込柳町に住む二七歳の女性が、病床のなぐさめにと野良猫だった「ミイ子」を拾って飼っていたところ、ある日、ミイ子の首に小さな結び文がつけてあるのを見つけたという記事が出ている。「よく私の病床の窓辺に日向ボッコしにきますが、首輪でもつけてあげたらもっと可愛いのではないでしょうか」という内容で、手紙の主はやはり長い間病床にある一九歳の女性であり、同じように病に伏す二人の間で、これ以降、猫を介した文通が行われるようになったという（「猫の郵便屋さん」『読売』一九五〇年一二月五日夕刊）。松本恵子『随筆　猫』（東峰出版、一九六二年）にも、首に「この猫ちゃんはニャンという名前ですか、おうちはどこですか。うちへ毎日遊びにきます、かわいいですね」と書かれた手紙をつけて猫が帰ってきたことがきっかけで文通が始まり、さらにはその女性が松本の自宅を訪問して猫の話で盛り上がるまでに至ったという話が出ている。このように、猫の文通から人間関係が作られていくこともあったのである。
しかし、それが難しくなる時代がやってきていた。一九七九年に書かれたある随筆には、次のようなことが書かれている。

大分前の事であるが私の家へ時々遊びに来る牡の雉猫《きじねこ》がいた。ある日私は彼の首輪に「この猫ちゃんは時々遊びに来て私を楽しませて呉れて居ります。たまにはミルクを呑んで帰りますが何処のお家の猫ちゃんでしょうか」と書いた手紙を結びつけた。〔中略〕翌日その猫は手紙の返事らしき物を首につけて現われた。〔中略〕「僕の家のトムがお宅にお邪魔をしてご馳走になってるそうでお世話になり有難《ありがと》う御座居ます。是《これ》からも宜しくお願いします。」と書かれて居た。〔中略〕或日の夕方見知らぬ大学生らしき男の子が訪ねて来た。玄関に立ち「トムの飼主です。色々お世話になりました。実は先日トムが車に刎《は》ねられて死にました。母が御挨拶に伺う様申しましたので──」と云って菓子折を差出された。いろいろとトムの死について語られ、僕が勉強をしていると夜中の一時頃迄も一緒に起きて机の上や、本棚の上に乗っては僕を励まして呉れたものですが、死んでしまってすっかり淋しくなりました。勉強にも力が入りません、と悲しみをのべて帰って行かれた。トム君が仲立ちとなったＩ家との交際は今も続いて居る。（斉藤寿美『猫の腰元』日本猫愛好会、一九七九年）

文通を終わらせてしまった交通事故の発生、これこそがこれ以降、猫の室内飼育を増やしていくことになる最大の要因であった。一九八〇年代、道路の舗装は地方の農道にまで及んでいき、自動車所有台数も右肩上がりに増えていった。都会はもちろんのこと、地方でも交通事故が多発するようになった。猫は外で自由に遊ぶのが一番と思いながらも、事故で死んでは元も子もないと、家の中で猫を飼う人が増えていく。愛猫が交通事故に遭ったことがきっかけで、それ以降猫を家の中で飼育するようになったという人も多い。かつて、猫は外を自由に歩くのが習性であるとしていた愛護運動家も、次第に猫は家の中で飼育するようにと呼びかけることが多くなっていく。

●野良猫の困難

しかし飼い猫が家のなかで守られても、野良猫がいなくなるわけではない。捨て猫も増え続けた。一九七三年（昭和四八）動物保護管理法で、自治体による引き取りが定められたこともあり、八〇年代、猫の殺処分は大規模化していく。一九八一年二月に『猫の手帖』編集部が東京都動物管理事務所西部支所を訪問した際の記事によれば、引き取られた猫のうち、子猫はほとんどが殺処分、成猫のうち有料で引き取ったものの半分は実験用の動物として研究機関に送られるとされている（「トラブルのいきつく先、都の動物管理事務所を訪ねてその実態を聞いてみました」『猫の手帖』一九八一年二月号）。この頃の安楽死の手法は、クロロホルムやその他の薬物注射が多く、一度に大量の処分ができない仕組みであった。

しかし引き取り数が増えるなかで、大量処分のできる仕組みを構築する自治体が登場してくる。例えば神奈川県平塚市では、真空減圧装置を用いて、個室の空気を徐々に抜き真空状態にして処分する方法を導入していたという。この方法は、一度に大量の猫を処分できるかわりに、真空になることで内蔵が飛び散るなど猫にとって苦痛が大きく、後始末も大変であった（「不用意に増やした猫や、捨てられた猫は、こんな運命をたどるのです」『猫の手帖』一九八一年二月号）。これに対し、より苦痛が少なく後始末も簡単だとされる炭酸ガスによる施設を作る自治体がその後増えていく。例えば、東京都は、一九八三年六月、大井埠頭に動物愛護センターを開設、一度に大量の動物の殺処分を行える設備を整えた。動物愛護団体は建設に際して「犬猫のアウシュビッツ」（「動物管理センター 愛護団体が「待った」」『読売』一九八三年二月二三日）だとして批判したが、効果はなかった。他の自治体でも、同様に愛護団体の反対を押し切って、ガスによる処分施設を作る地域が増えていった。全国での行政による猫の殺処分数は一九七八年度に一〇万匹を超え、八二年度に二〇万匹、八七年度に三〇万匹を超えるという形で急速に増えていった（一九九頁図41）。

なお、前述したように、殺処分されずに大学などの実験施設に引き渡され、動物実験に使われる例も多かった。特に猫は神経系統の実験に適するとされたが、「神経系統の実験というのは麻酔もかけずに、いたみや電気ショックといった実験動物としては、かなり苦痛のともなうような実験」であった。（前掲「トラブルのいきつく先、都の動物管理事務所を訪ねてその実態を聞いてみました」）。『猫の手帖』の調査記事には、脳の働きの研究のために、脳に電極を差し込まれて電気刺激を与えられ、最後は餓死させられた猫や、逆に脳の満腹中枢を壊され永遠に食べ続けさせられた猫、不眠の実験のために眠ろうとするたびにショックを与えられて眠りを奪う実験、まぶたを縫い合わせて目を閉じられないようにしたり、逆に目を開けられないようにしたりする実験、猫の尾をはさんでどれだけ痛みに耐えられるかを調べる実験、麻酔をかけずに猫の脊柱神経に放電して苦痛を調べる実験など、猫に相当な苦しみを与える事例が記載されている（前掲「不用意に増やした猫や、捨てられた猫は、こんな運命をたどるのです」）。動物実験に関しては現在でも情報を入手することは難しく、まして当時は実態が表面に出ることは非常に少なかったが、「猫ブーム」の裏側で、猫にとって苦痛極まりない行為が行われていたのである。総理府調査によれば、全国の自治体からの払い下げ・譲渡数は、一九八〇年代にピークを迎え、毎年一万匹以上、最大となる八四年には一万五〇〇〇匹以上が実験室へと送られた。この年の一般への譲渡数はたった七三二匹であり、その二〇倍以上が大学や研究所に譲渡されていたのである。

●「猫島」での猫の駆除

猫の処分が行われたのは、都市部だけではなかった。この時期、地方でも猫の数が増え、その始末に困る地域が増えていた。特に、魚など食物が豊富な島嶼では、交通事故や天敵がなく、また室内飼育をする必要もないため、猫が増えすぎて困る地域が多くなっていた。例えば、現在「猫島」として多くの観光客が集まる福岡県の相島《あいのしま》でも、一九

37 ＝子猫１万匹動員運動と猫の出陣式（『アサヒグラフ』1961 年 6 月 30 日号より）

八一年（昭和五六）に、全島で二〇〇〇匹の猫を捕獲し、保健所や大学の研究室に引き取ってもらっている。相島では、かつては猫が「海の神様」として大事にされていた時期もあったが、この頃には数が増えすぎ、「どうしようもないギャング」として迷惑がられる対象になっていた（「猫の島、相島続報」『猫の手帖』一九八一年四月号）。そして現在はまた観光資源として大事にされるに至っているが、このように歴史的に猫の扱いは二転三転してきたのである。

同様の事例は全国各地で起こっており、実験施設や保健所に引き渡すなどの事例が多発した。多くの場合、猫はかつてネズミ対策として導入された猫の子孫であった。たとえば、一九八三年に、瀬戸内海の日振島《ひぶりしま》で、増えすぎた猫に手を焼き、住民が県に捕獲・駆除を要請したが、もともとこの猫たちは、二〇年以上前に、島の段々畑の芋や麦を食い荒らすネズミの被害に困った島民が「子猫一万匹動員運動」と銘打って一匹二〇円の謝礼金で愛媛県下から集めた猫の子孫であった。当時、宇和島の三間小学校の校庭に市長や市民、児童たちが揃い、「猫の出陣式」まで行って送り出されたのであり、一九五九～六一年までの間に総勢四三九二匹もの猫が送られたという（小島梅代「猫騒ぎ、勝手過ぎる人間」『読売』一九八三年九月一八日、一乗谷かおり「四〇〇〇匹の子猫たちが愛媛の島々に〝出陣〟した話」『サライ.jp』記事、二〇一七年一一月、https://serai.jp/hobby/278698)。

ところが、歓呼のなかで迎えられたこの猫たちは、ペット出身でネズミ捕りの経験もあまりなかったこともあり、大きなネズミに歯が立たず、かえって殺鼠剤を食べて死ぬ猫も出るような有様だった。結局、ほどなく高度成長の影響で人々が都会に出稼ぎに行くようになり、島に沢山あった段々畑が放棄されることで、ネズミの数は減っていくことになる（原田政章『段々畑』アトラス出版、二〇〇七年）。そして数の増えた猫は島の人々から厄介者扱いされるようになってしまったのである。

●猫の登録制度

同様に野良猫の被害に悩む長崎県西彼大島《せいひおおしま》（大島町）では、猫の登録制度を制定し、登録されていない猫を野良猫として一掃することとした。計画を知った長崎大学医学部から、猫を解剖教材に提供してほしいという申し入れがあり、捕獲した猫を同学部に提供することも決まった（「登録制がはじまりました。これで本当に猫が幸福になるでしょうか？」『猫の手帖』一九八一年二月号）。猫の登録制は早くは静岡県島田市で一九七六年（昭和五一）に始まっていたが、これ以外にも、静岡県藤枝市・焼津市・三島市・岡部町、神奈川県横浜市・厚木市・箱根町、京都府瑞穂町など、全国多数の自治体で実施された。ただし、島田市では、市役所に寄せられる苦情が一九八〇年に三四件だったものが、八二年は八〇件を突破するなど、登録制施行後も増加しており、「猫が急に不良化するはずもないから、住民の〝許容限度〟が下がってきたのでしょう」と「市役所も猫に同情的」だと報じられている（「猫嫌われちゃった？」『読売』一九八三年一月一九日）。

●殺処分批判の高まり

こうした状況のなかで行政による殺処分に対して批判的な意見を持つ愛護団体が増えていく。すでに触れたように、かつては、猫の殺処分を必要悪と考える団体が多かった。愛護団体自身が殺処分を行ったりその仲介を行ったりしており、「伝統のある愛護団体で、この殺処分に手を染めなかった団体は無」いとされるほどであった。一九八八年（昭和六三）、ある動物愛護団体が東京都に対して行った請願には「大量処分施設のかわりに獣医師による安楽死制度を設ける」ことを求める文章があったが、これに対して別の愛護団体が、殺処分を容認するのはおかしいのではないかと抗議し、抗議を受けた団体が非を認めるに至るということがあった（石川祐一編『動物たちのためにできること　杉本等追悼集』サンハウス、二〇一七年）。

この頃から、安楽死を認めてきた旧来の愛護団体に対して、殺処分を悪とみなす新しい団体や運動家が批判を加えることが多くなり、次第に殺処分を必要と考える団体は数を減らしていく。そして二〇〇〇年代には、「殺処分ゼロ」を目指す方向性が動物愛護運動の主流となる。ただし、一般社会の状況は、内閣府の二〇一〇年（平成二二）「動物愛護に関する世論調査」でも、殺処分を必要と考える人が五五・八％で、行うべきではないとする二九・三％を大きく引き離している。その二四年前、一九八六年の総理府「動物保護に関する世論調査」では、必要・やむを得ないとする回答が七〇・七％、行うべきではないが二〇・一％であったので、殺処分に批判的な割合は増えてはいるが、しかしそれでもまだ殺処分は仕方がないと考える人が多数派となっている。ただし二〇二〇年一月に民間企業が行ったネット調査では、すべきではない六四・八％、すべき九・一％、わからない二四％と、半数以上が殺処分に反対となっている（株式会社 Wizleap「犬猫の避妊と殺処分に関する意識調査」https://hoken-room.jp/pet/7946）。調査手法が異なるので単純な比較はできないが、少なくともネット上では、殺処分反対派が大幅に増えたことがわかる。

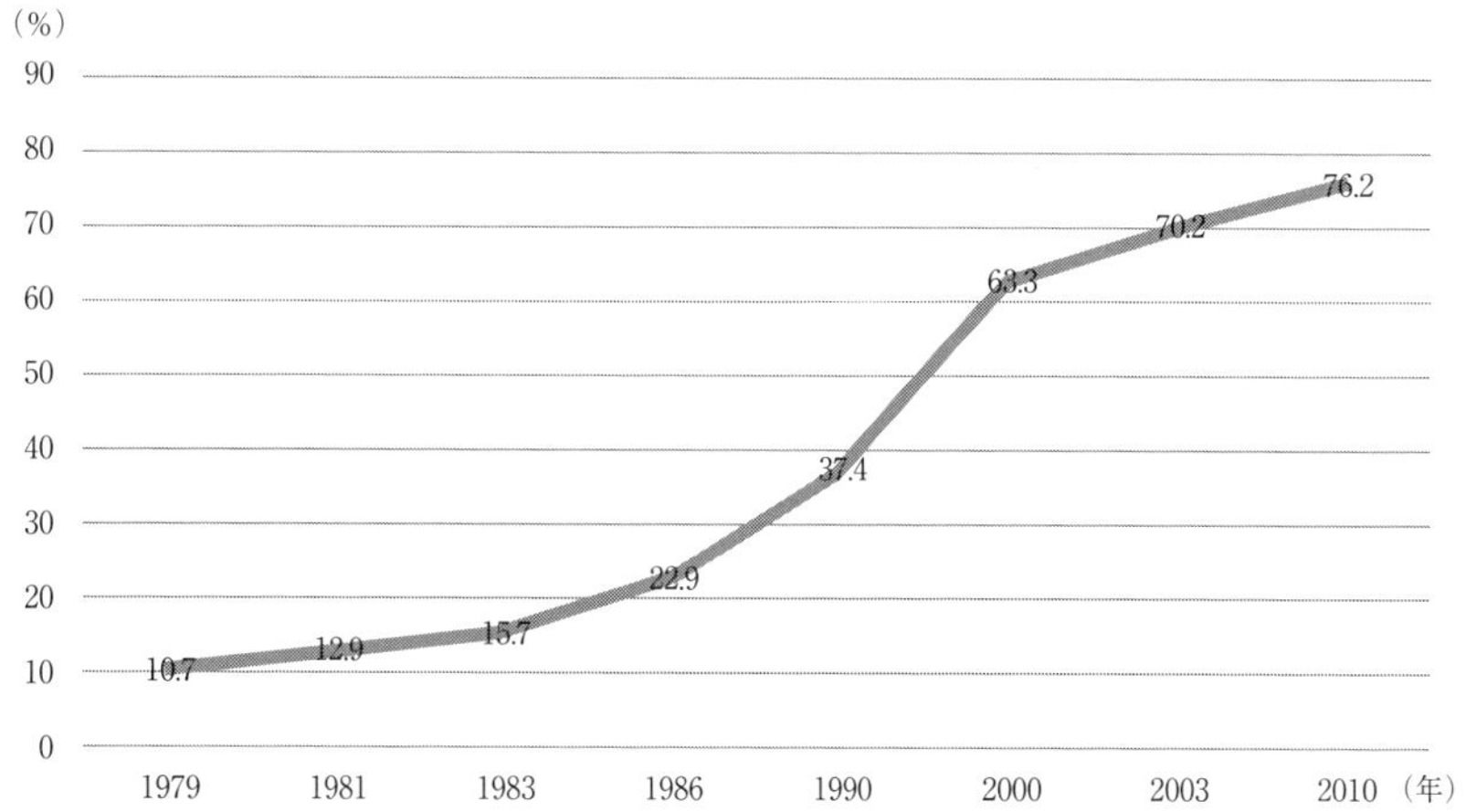

38＝猫の避妊・去勢をしていると答えた人の比率（総理府・内閣府調査）

●避妊・去勢運動

捨てられる猫の増加を防ぎ、殺処分をなくすため、避妊・去勢を呼びかける運動は、戦後早い時期から行われてきた。しかし、猫の自然な生に反する、猫がかわいそう、という声が強く、また医療事故の心配もあって、なかなか普及しなかった。一九七九年（昭和五四）総理府による「動物保護に関する世論調査」では、手術を行っている飼い主は一〇・七％にすぎなかった（図38）。

一九七五年一〇月一九日の『朝日』は、「ため息しかでないニャー避妊・去勢で気力失うネコ」という見出しで記事を組み、「ネコのためといっても、しょせんは人間のエゴイズム」という詩人の白石かずこの意見を紹介しており、また日本動物愛護協会附属動物病院の院長ですら、「確かに生理的な面からは手術しない方がいいが、（中略）いまの都会でしあわせに生きるためには仕方がない」と、あくまでやむを得ないという立場でコメントをしている。一九八六年に首都圏の猫好き二〇〇人を対象に行われたアンケートでも、半数以上の人が「自然の摂理なので特別に何もしない」と答えている（「愛猫家の悩みは〝悪臭〟」『読売』一九八六年一月一九日）。

こうした状況に対して、動物愛護団体は、殺処分の実態や、実験動物としての払い下げの実態を報じることで避妊・去勢の必要性を説き、他方で、普及しない一因が手術費用の高さにもあると考え、愛護団体から補助金を出したり、安く手術をしてくれる獣医師の紹介なども行うようになる。さらに、行政に働きかけることで、自治体からの補助金を引き出すことに成功する地域が生まれてくる。早い例では、大阪府が一九七九年に一一月を猫と犬の避妊手術奨励月間と定め、猫には一匹二〇〇〇円の補助金を出すこととしている。なお当時の手術料の相場は一万二〇〇〇円であった（「犬、猫の避妊手術に奨励金」『猫』一九七九年盛夏号）。

その後特に一九八〇年代後半から九〇年代初頭にかけてこうした自治体は各地で増えていく。東京都区部では、一九八七年に世田谷区が初めて補助金制度を導入、九一年には文京区が全国で初めて野良猫の不妊手術費用を全額負担する施策を打ち出した（「文京区がノラ猫不妊手術作戦」『朝日』一九九一年二月二三日）。こののち、バブル崩壊後の税収減を受け、一九九〇年代後半以降は補助金を廃止したり減額する自治体が一時増えたが、その後新たに制度を設ける自治体もあり、今日まで多くの自治体が継続的にこうした補助制度を運用してきている。その結果、手術を行う飼い主は右肩上がりに増え、二〇一〇年の調査では七六・二％の飼い主が避妊・去勢手術を行うようになっている。もともと苦情から始まった行政の猫問題への対応は、この頃から、単なる苦情対応という域を超えて、猫自体の福利のためという方向性へと発展していくことになる。

3　「社会の一員」としての猫

●ペットの災害救助活動

一九九〇年（平成二）前後から、愛護運動と行政とのコラボレーションは、急速に進んでいく。もともと、動物愛護管理法の引き取り規定や、住民の苦情の増加などにより、やむを得ず殺処分を始めた自治体も多く、担当職員には仕事とはいえ猫や犬を殺すことに大変な精神的苦痛を感じている人も多かった。当然ながら行政のなかにも猫好き、動物好きの人は少なからずおり、猫ブーム・ペットブームのなかでその数は増えていたし、また苦情が減らない一方で、動物に優しい行政を求める声も増えていた。そうしたなかで、愛護団体と協力しながら、愛護思想の普及・啓発活動や譲渡会などを行う自治体が出てくるようになる。

行政と愛護団体のコラボレーションとして特筆すべきは、災害救助であろう。災害時のペットの救助活動が本格的に行われたのは一般に一九九五年の阪神・淡路大震災が最初であるとされる。ただし、そこに至るまでには前史がある。ペットを災害時に救助するかどうかということが最初に問題としてクローズアップされたのは、一九八五年（昭和六〇）の伊豆大島の三原山噴火時であった。この時、島民一万人以上の全員が島外に避難する一方、多くの動物が島に残された。こうした様子は取材のために上陸したメディアによって報じられ、一緒に避難させるべきだとする意見と、動物を連れての避難は他の人に迷惑をかける、置き去りは仕方ないとする意見とが、各種メディアで交わされることになった（「伊豆大島噴火と動物・ペットたち」『猫』一九八六年冬至号）。保健所や消防団員が残されたペットの世話を行ったほか、一部救出活動も行われたが、動物どころではないという救出活動への批判の声も大きく、あるテレビ番組がヘリコプターを使って犬の救出活動を行ったところ、批判が殺到して謝罪を余儀なくされる事態も起こった。災害時に動物の存在に着目する人が出たという意味では画期的なことであったが、しかしこの時期はまだ、人間が大変な時に動物どころではないという意見も多く、命を失う動物も出た。

五年後の一九九〇年、長崎の雲仙普賢岳《ふげんだけ》が噴火し、翌年大規模火砕流による大惨事が発生した際には、警戒区域に置き去りにされた猫や犬の保護活動が行われた。最初は愛知県の会社員が始めた活動であったが、その後賛同した地元の動物好きとともに「雲仙被災動物を救う会」が結成され、猫や犬を保護するとともに、新しい飼い主を探す活動が行われた（「雲仙・普賢岳被災猫の里親探し」『アサヒグラフ』一九九三年三月一九日号）。この時初めて動物のための救護組織が作られ、また自治体と獣医師会、愛護団体が連絡を取り合っての活動も行われた。ただし、行政が主導する救護本部の設置まではいかず、また、一部の団体が飼い主の許可を得ないまま里親探しをしてしまうなど、経験不足によるトラブルも発生した。

●画期としての阪神・淡路大震災

一九九五年一月一七日、兵庫県南部を中心に起こった大地震に際して、初めて行政・獣医師会・愛護団体の協力のもと、大規模かつ組織的な救援活動が行われることになった。被災地域での猫の飼育数は約一〇万七〇〇〇匹、犬は八万匹、うち飼い主とはぐれたり負傷したりした猫の数は約五〇〇〇匹、犬は約四三〇〇匹と推定されている。

地震発生当初は動物にまで手が回らないのが実情であったが、地震の二日後の一九日には動物救護の動きが始まり、西宮えびす神社前に動物救護テントが設置された。二〇日、総理府指導のもと、動物関係一一団体による「兵庫県南部地震動物救援東京本部」が設置され、二一日には兵庫県獣医師会に「兵庫県南部地震動物救援本部」が設置された。その後、救護された被災動物の収容場所として、神戸動物愛護センター、三田動物救護センターが設置され、動物の一時預かりと里親探しを行うこととなった。前者には一〇八八匹（うち猫は二九二匹）、後者には四六〇匹（うち猫は二一〇匹）の被災動物が収容され、預けられたうちの約三分の二が新しい飼い主に譲渡された。またこの時設置された避難所の八割で動物の飼育が可能であり、対策本部の記録によれば、それら五六の避難所のうち、ペットをめぐるトラブルが発生したのは三ヵ所、苦情が対策本部に持ち込まれたのが五ヵ所で、残りの四八ヵ所ではトラブルが表面化することはなかったという。ただし、猫は避難所に持ち込むよりも壊れた自宅に残される比率が震災一ヵ月後の時点で五七・五％にのぼり、避難所に同居したのは二五・五％であった（『大地震の被災動物を救うために』兵庫県南部地震動物救援本部、一九九六年）。猫には繋いで飼う習慣はなく、慣れない場所ではストレスがたまったり、逃げたりするおそれもあることから、離れた自宅に置いて世話をする飼い主が多かったのだと思われる。

避難所での人とペットの共存については、日本愛玩動物協会の聞き取り調査でも「リーダー、責任者がうまく対処していた」（二二・五％）、「苦情は出たが、表面化しなかった」（七三・二％）など比較的良好であったとされており、一部の避難所では当初異論もあったが、避難所となった学校長が校内放送を通じて「動物たちも、この大震災を人とともに生き延びた命。差別せず大事にしましょう」と直接呼びかけたことを契機にうまくいくようになったケースも二例あるとされている（「犬や猫にも残る後遺症」『読売』一九九五年四月一日）。動物救護活動に寄せられた義援金は、地震発生二ヵ月で一億三一五〇万円、その後一九九六年一〇月までで総額二億六四七九万円にものぼった。また救護活動に参加したボランティアは延べ二万一七六九人にも達した（前掲『大地震の被災動物を救うために』）。かつて、三原山噴火の際には、動物救護などやっている場合かという声が大きかったことを考えると、状況は大きく変わったということができよう。

これ以降大規模災害のたびに、行政と獣医師会、愛護団体が協力して救護にあたることが常となる。阪神・淡路大震災の経験をふまえ、日本動物愛護協会・日本動物福祉協会・日本愛玩動物協会・日本動物保護管理協会および日本獣医師会は、一九九六年、緊急災害時動物救援本部を組織し、被災地における動物救護の体制を整える。以後、有珠《うす》山《さん》噴火（二〇〇〇年三月）、三宅島噴火災害（二〇〇〇年六月）、新潟県中越地震（二〇〇七年七月）、東日本大震災（二〇一一年三月）などで、動物救援本部が関わる被災動物救護活動が行われた。ただし、東日本大震災では、救援活動に関与する動物愛護団体の数も増えたことから、義援金の使途や会の運営をめぐってトラブルも発生した。

行政と獣医師会・愛護団体が協力しながら救護活動を行う方針自体はその後も継続している。環境省自然環境局総務課動物愛護管理室が二〇一三年六月に「災害時におけるペットの救護対策ガイドライン」を作成、二〇一六年四月の熊本地震でも現地に動物救護本部が設置され、その際のトラブルや問題点をふまえて、二〇一八年には「人とペットの災害対策ガイドライン」へとガイドラインが改訂された。現在では書店にも災害時のペット保護に関わる書物が並ぶようになるなど、災害時にペットを守ることはもはや当たり前のこととなりつつある。いまださまざまな課題が残されつつも、猫は、災害時にも救助されるべき、人間社会の一員となったのである。

●伸びる猫の寿命

室内飼育される猫が増え、「家族」として大事にされる猫が増えるにつれて、長生きする猫も増えていく。戦前、一九二七年（昭和二）の文章では、五歳の猫が「老猫」と表現され、「猫の五歳は人間の五十才にも六十才にも当つてゐる」と書かれている（生方敏郎「老猫とお君さん」『新青年』八—三、一九二七年）。木村荘八も、一九五二年に、「小生の経験では、先《ま》ず「十年」が猫の定命（中略）五六年目からキバを除く歯が上下ともみな脱落します。私は思うにこれがカミサマから、お前ももう間もないぞといわれる死刑の宣告のようなもので、やがて消化が悪くなって、肉や皮が硬ばって来て、ふざけなくなって、だんだんと静かに死にます」（木村荘八「私の猫達」『木村荘八全集』第五巻、講談社、一九八二年）と書いている。一九五八年に書かれた井伊義勇『猫』（角川新書）には、「七年とか十年とかいうのは長命の部に属する。多くは三年ぐらいで居なくなるなり、死亡するなりしてしまうらしい」とある。

しかし高度成長後になると、例えば一九八六年に、永野忠一が老化の兆候は一〇歳頃からあらわれる、と述べるように（永野忠一『猫の民俗誌』習俗同攻会、一九八六年）、猫の老年期は後ろにずれていく。林谷秀樹らによる研究によれば、動物霊園に埋葬された一九八一〜八二年に死亡した猫の平均死亡年齢は四・二歳（林谷秀樹ほか「動物霊園のデータを用いた猫の平均余命の推定とその疫学的考察」『日本獣医学雑誌』五一—五、一九八九年）、その後、動物病院の猫の死亡データを用いて計測された平均寿命は、一九八三年四・三歳、九〇年五・一歳、九四年六・七歳、二〇〇二年九・九歳、一四年一一・九歳となっており、一九九〇年代以降急激に伸びていることがわかる（図39）（林谷秀樹ほか「我が国の犬と猫の平均

寿命と死因構成」『JSAVA NEWS』一五六、二〇一七年）。

かつて猫の寿命が短かった時代の死因には、他の猫との喧嘩による傷、犬や人間による暴行、あるいは殺鼠剤や殺虫剤その他による食中毒などが多かった。したがって、猫を室内でのみ飼育する比率の増加が、猫の長寿化に大きな影響を与えたと考えられる。また猫や犬を対象とする病院に勤務する獣医数は一九七〇年代後半から急速に増加しており（図40）、動物病院・獣医数の増加や、獣医学の進歩、猫を病院で診てもらう飼い主の増加も影響していると考えられる。

●猫医学の進歩

戦前の猫に対する医療は、犬や牛、馬などに比べ、診察対象としても研究対象としてもあまり大きな比率を占めていなかった。一九二八（昭和三）～四三年に『応用獣医学雑誌』に掲載された猫・犬の疾患に関する論文一二九編のうち、カルテの整備されている症例二九八例を見ると、そのうち犬が二七九例、猫はわずか一九例にすぎないという（山田今朝吉「戦前・戦後における小動物（犬・猫）疾患の変遷について」一～六、『獣医畜産新報』六九一～六九七、一九七九年）。

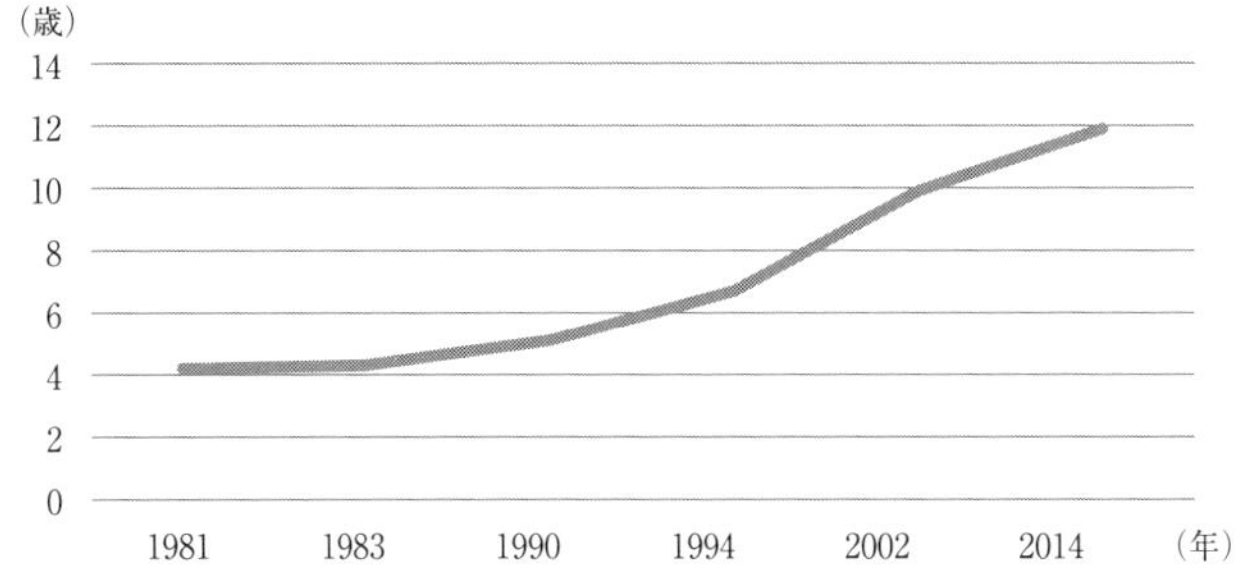

39＝猫の平均寿命（林谷秀樹らの論文〈本文参照〉による）

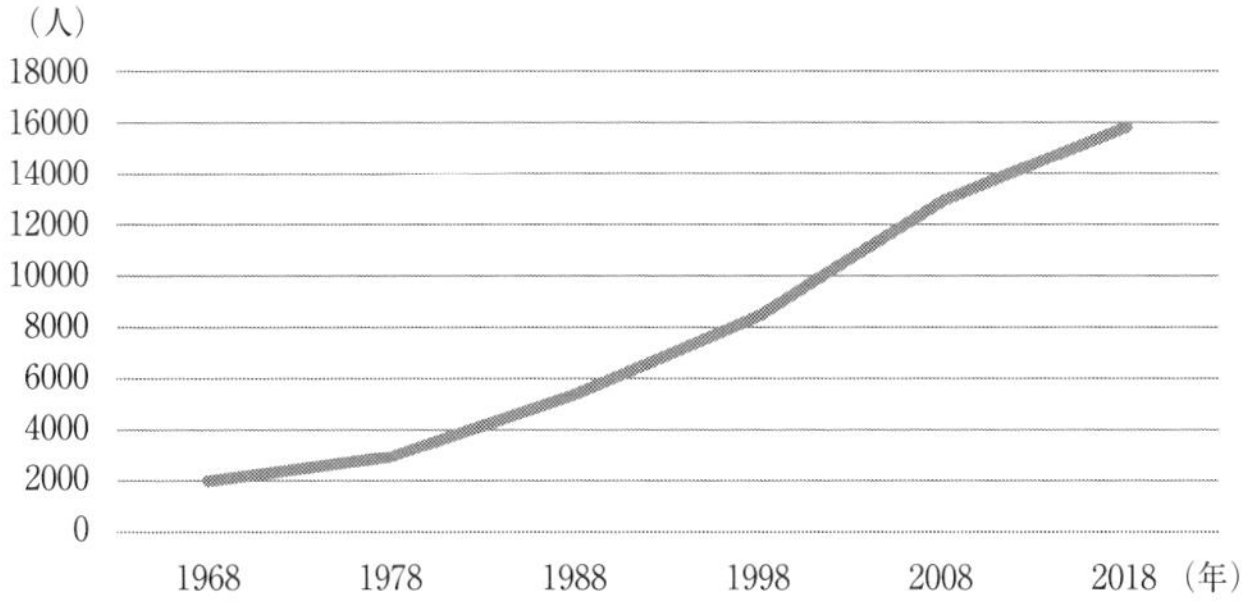

40＝猫・犬を対象とする個人診療施設に勤務する獣医師人数（農林水産省「家畜衛生統計」「獣医師の届出状況」による）

戦後になっても、一九六〇年代まではやはり犬の診療が圧倒的であり、「昔は動物病院はそもそもイヌをもってゆくところという考えがほとんど」で「ネコの病気は治らない」「病気になったり、いなくなればそれっきり」という考え方が支配的であった。しかし、動物愛護協会附属病院の場合、一九七二年頃に猫と犬の診察数は半々に、それ以降は猫の方が増えていったという（「ホットインタビュー　前川博司」『キャットライフ』一九七八年八月号）。

「病気になればそれっきり」の代表格は「猫汎白血球減少症」であった。この病気の大流行が最初に確認できるのは戦後ほどない一九四七〜四八年頃であり、当初は全国で「猫の奇病」で死ぬ猫が続出しているとして新聞で騒がれた。しばらくして、これはパルボウイルスによる猫汎白血球減少症だということが判明した。昭和戦前期には日本でもすでにこの病気は認知されていたようであるが、戦後ほどの流行はなかったようである。

なお、戦後ある時期までこの病気は猫の「伝染性腸炎」あるいは「猫ジステンパー」と呼ばれることが多かった。犬のジステンパーになぞらえて「猫ジステンパー」と呼ばれていたあたりにも、当時のペット医学が犬中心であったことが反映されていた（欧米ではすでに一九三〇年代末にはこの病気がジステンパーや腸炎と区別される猫汎白血球減少症と呼ぶべき病気であると認識されていた）。猫専門の日本語医学書も戦後長らく存在せず、猫に特化した医学書としては、E. J. Catcott 編／幡谷正明・石田葵一監訳『猫の内科学・外科学』（日本獣医師会、一九六七年）が総合的なものとしては最初のもので、その後も長いこと、同書が最も詳しい日本語書籍である時代が続いたようである。

それでも、猫飼育者の増加に伴い、一九六〇年代から猫汎白血球減少症ウイルスワクチンが用いられるようになり、獣医の数も増加、猫の医学の研究も少しずつ盛んになっていくことになる。一九七〇年代半ばには猫のリンパ腫、肥満細胞腫、ウイルス性鼻気管炎、糖尿病など、今日多く見られる病気が、日本で初めて報告されるなど、猫の病理研究が進んだ。一九七〇年代後半には、トキソプラズマ症、ウイルス性呼吸器病、猫伝染性腹膜炎（FIP）、心奇形などの報告がなされ、一九八〇年代には子宮蓄膿症、猫白血病ウイルス（FeLV）が報告されるなど、猫の獣医学が日本でも確立されていくことになる（石田卓夫「猫の医学の変遷と将来」『獣医畜産新報』七〇―八、二〇一七年）。猫のワクチンの接種率は二〇一四年時点で五四％、感染症が原因で死んだ猫は、一九九〇年から二〇一四年の二五年間に二五％から一二％に減少したという（「イヌ一三・二歳、ネコ一一・九歳平均寿命最高に」『日本経済新聞』二〇一六年九月一四日夕刊）。それ以前のデータは存在しないが、「昔は猫の腸炎が流行り、六～七割位の猫は三～四歳になると、大抵はげしい下痢を起こして死亡した」という証言もあり（清水健児「猫を飼って五〇年」『猫』一九八八年立夏号）、高度成長期以降、ワクチンの普及もあり、相当に減ってきていたものと考えられる。

医療が高度化すれば当然医療費も高くなる。その医療費のために、健康保険事業を行う団体も出てくる。一九七〇年代半ばに、会員制で会費を徴収する代わりに協定獣医に安く診療を受けられる制度が登場したのがこの種の事業の最初である。その後、一九九四年末にペット入院共済制度が登場、それが健康共済制度へと広がった。二〇〇五年七月の保険業法改正により無認可共済が制度上廃止になると、共済制度から保険制度へと移行、現在では十数社がペット保険を手掛けている。しかし保険加入率は現在でも一〇％にも届かないと考えられ（ただし調査主体により数値が異なり正確な加入率は不明）、さほど高くはない。ワクチンは接種しても、普段はあまり病院に連れていかない飼い主も多く、医療にかける金額には飼い主により差があるのが現状である。

●猫ブームと苦情のはざまで

以上述べてきた猫の医療の発達や、その結果としての猫の高齢化は、あくまで飼育されている猫の世界の話であり、野良猫がその恩恵にあずかることはない。信頼できる統計はないが、現在でも野良猫の寿命は四年程度とも言われる。その意味で飼い猫と野良猫の格差は広がったとも言える。

他方、猫ブームの中で猫好きが増えたこともあって、野良猫に餌やりをする人も増加した。猫避けのために水の入ったペットボトルが、電柱や壁際に置かれていることを目にすることは多いが、こうしたペットボトルが目立つようになったのは一九九四年（平成六）頃からのことである。避妊・去勢を施して、社会の一員として受け入れていこうという動きと、それでも餌やりなどに不快感を覚える人との間でトラブルも起こった。

例えば、一九九三年に『朝日新聞』で報じられた次のような事例がある。豊島区東長崎で、スナックと休業中の居酒屋の間の路地に野良猫が住みつき、ほどなくその猫が子を産んだので、スナックの客や近所の住民約三〇人がカンパを集めて、四匹に不妊・去勢手術を済ませた。そのうち親猫が行方不明となり、子猫たちのいる所に消毒液のようなものが撒かれた。子猫たちは眼に膜がはるほどの目ヤニで苦しみ、さらにその後も連日薬剤が撒かれることが続いた。そんなある日、猫に食事を与えていた人物が、近くに住む人物から、「こんな所でエサやるんじゃない」「臭いんだよ」と突然怒鳴られた。しかし実はその辺りの悪臭は猫が原因ではなかったため「ごめんなさい。でもちょっと話を聞いてください」「店をたたんだ隣の居酒屋さんの中で物が腐っているんです」と泣きながら説明した。すると次の日からは薬剤の散布がやんだという（「子猫の住む路地に消毒液がまかれた」『朝日』一九九三年一二月一四日）。

いくら避妊・去勢手術をしても、猫に悪印象を持っている人は、猫がいる限り不快な気持ちを持ち続ける。猫が地域で生きていくには、コミュニケーションを取りながら周辺住民の理解を得ていくことが不可欠であるということをこの事例は示していた。

●「地域猫」活動の誕生と普及

こうしたなかで、行政が仲介役となって、猫好きと地域社会とのコミュニケーションを構築する「地域猫」活動が誕生する。一九九七年（平成九）頃から横浜市磯子区で行われるようになったのが、その最初であった。同区では

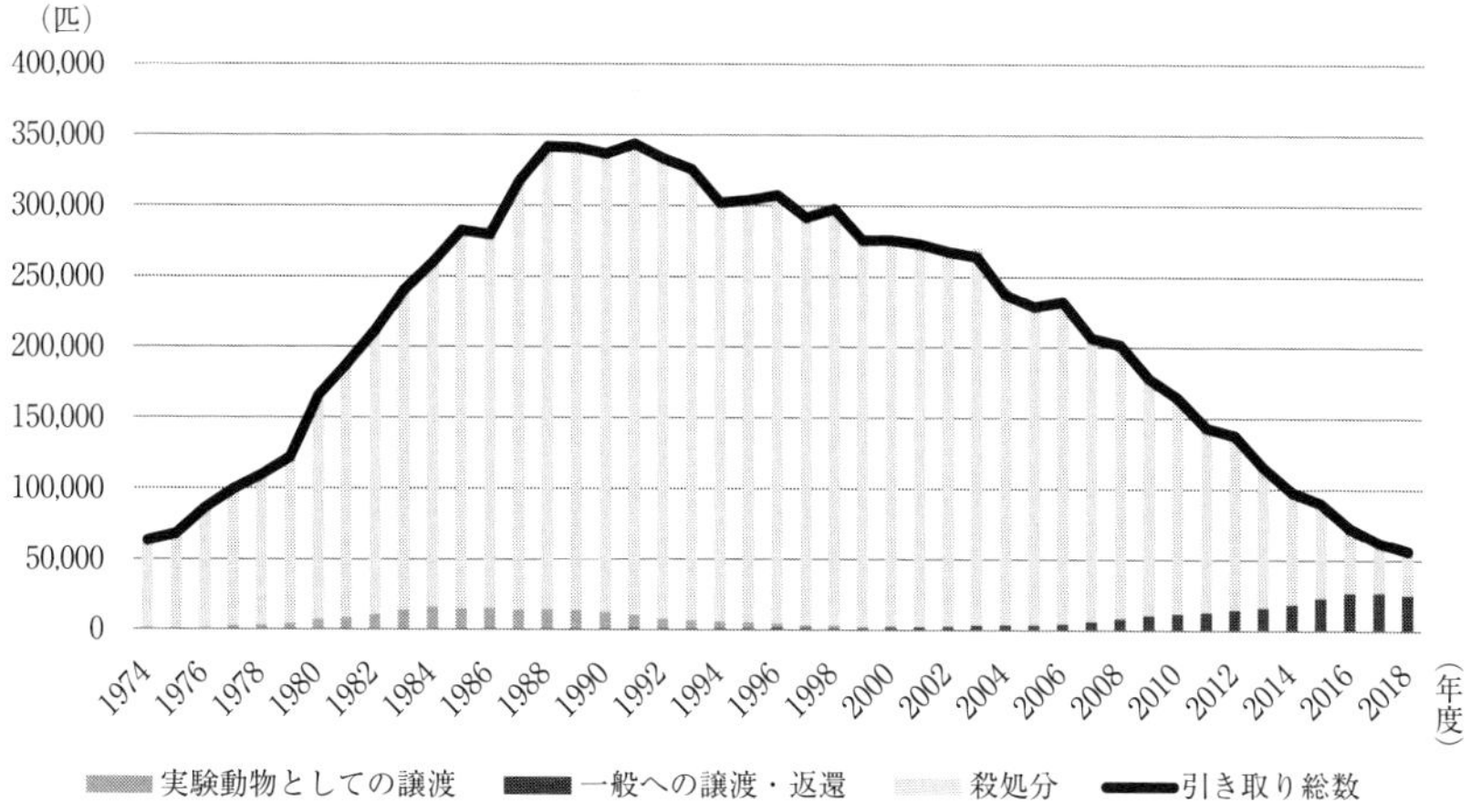

41 ＝自治体による猫の引き取り・譲渡・殺処分数（環境省『動物愛護管理行政事務提要』による）

一九九四年頃から猫に関する苦情が増えたため、九七年から「ホームレス猫防止対策事業」という名前でこの活動を始めた。アンケート調査や、区民による問題解決のためのシンポジウムを複数回にわたって行い住民同士の対話を重ねた。食事が十分でないが故に猫がゴミをあさったり物を盗んだりするのであって、ルールを守ってしっかり食事を与えれば行動パターンが変わり、野良猫の素行もよくなるという考え方を前提に、野良猫に不妊手術をした上で、餌場やトイレを決まった場所に設置し、掃除をしっかりする、首輪などの目印をつけるといったルールをつくり、区内の一七一の自治会に呼びかけて協力を依頼、野良猫が数を増やさずに人間と共存していける地域づくりに努めたのである（「街ぐるみで飼う「地域猫」」『朝日』一九九八年一一月二九日、加藤謙介「『地域猫』活動における「対話」の構築過程」『ボランティア学研究』六、二〇〇五年）。

この磯子区の事例が成功例として各地に伝わり、次いで東京都新宿区・世田谷区、横浜市港南区・都筑区、埼玉県和光市などでも、同様の試みが行われるようになった。またこの頃普及し始めたインターネットでも、「ねこだすけ」（一九九七年五月開設）をはじめ、地域猫の相談やネットワークづくりのノウハウを教えるホームページが開かれて情報が伝わり、「地域猫」活動は全国に広まっていくようになる（「街が飼い主「地域猫」」『読売』一九九九年一月二九日夕刊）。

家のなかにいるペットが「家族」のようにかわいがられる反面、野良猫は過酷な環境に置かれ、また増えすぎた猫が自治体に持ち込まれ、殺処分されたり実験に使われたりしてきたが、こうした「地域猫」活動の定着や、行政の側が引き取りに厳しい基準を設けたこと、また愛護団体と協力して捨てられた猫の里親探しに力を入れる自治体が増えるなどして、殺処分される猫の数は少しずつ減っていく。またかつて自治体から大学・研究施設に払い下げられる猫も多かったが、社会の批判もあって、一九九〇年代に入ると払い下げをやめる自治体が増え、払い下げ数は減っていき、二〇〇五年の動物愛護管理法の改正によって払い下げは廃止された。とはいえ、動物実験自体が廃止されたわけではなく、猫を用いた動物実験は現在も行われ続けている。

●ネット上の猫と国芳の復興

「地域猫」活動の普及にあたって、インターネットサイトが一定の役割を果たしたことを述べたが、インターネットの登場によって、かねてから続いていた「猫ブーム」は、新しい展開を見せていく。

その変化の一つは、かつての猫ブームが「かわいい」猫中心であったのに対して、ネット上では、純粋なかわいさだけではなく、「面白さ」がクローズアップされることが多くなっている。こうした変化は、すでにインターネット登場前、雑誌に見え始めていたものであった。たとえば『猫の手帖』では、一九八二年（昭和五七）につくられた読者投稿写真コーナーが人気を博して部数を伸ばし、それをまとめた写真集がいくつも発売された。そうした流れが、九〇年代末以降、デジタルカメラの普及と相まって、インターネット上で一気に花開いていくのである。また匿名掲示板の「2ちゃんねる」で誕生した「モナー」や「ギコ猫」などのアスキーアートなど、猫を擬人化してさまざまなセリフを付けて笑いを取る流れも生まれた。ただかわいいだけの画像よりも、面白さ、滑稽さを取り入れたものの方が人気を博し拡散される傾向が強まった。また二〇〇八年頃には「ねこ鍋」、すなわち鍋の中で身を丸くした猫の動画・写真のブームも起こるが、これは動画サイト「ニコニコ動画」から発生したものであった。

以上のように、自然体、面白い格好、ブサイクな猫など、さまざまな「笑えてかわいい」画像や動画を楽しむ人が増えていく。猫の動きは素早く、かつては高価なカメラをもっていないと、一瞬の面白い動きを捉えることはできなかった。しかしデジタルカメラの性能の向上、そしてその技術を応用したスマートフォンの普及で、人々は気軽に日常の猫の面白い動きを撮影できるようになった。そしてそうした画像が、当初は掲示板、のちにはSNSによって拡散されるようになっていく。このような、単純なかわいさではなく、それを面白さ・滑稽さと結びつける手法は、江戸時代の歌川国芳《くによし》の描いた猫と似た要素があるが、インターネット上に猫画像が増えるのとほぼ同時期に、国芳の猫の浮世絵もまたブームとなり、多くの展示会が開かれるようになったことは偶然ではないだろう。一九九〇年代以前、雑誌や書籍で猫の絵の特集などが組まれる際には、国芳の絵は数ある絵のうちの一つとして紹介されるにとどまることが多く、取り上げられないことすらあった。しかし二〇一〇年代以降、猫の絵といえば、何よりも国芳の絵が第一に挙げられるようになる。

九〇年代、猫ブームはいったん小型犬ブームと合わさって「ペットブーム」となったが、インターネットの普及後は、再び「猫ブーム」と呼ばれるようになる。犬に比べて体が柔らかく、自由に動き回る猫の方が面白い姿勢や表情を撮影できることが多く、インターネットとの相性が良かったということも、ネット上の猫ブームの背景には存在する。

●「猫ブーム」から「空前の猫ブーム」へ

ネットの猫ブームが広がった当初、雑誌界においても同時並行的に猫ブームが起こっていた。二〇〇〇年代前半には『猫びより』（辰巳出版、二〇〇〇年）、『ねこ』（ネコ・パブリッシング、二〇〇一年）、『猫 Chat Vert』（アポロ出版、二〇〇一年）、『ネコまる』（辰巳出版、二〇〇二年）、『ねこ倶楽部』（誠文堂新光社、二〇〇三年）、『ねこのきもち』（ベネッセコーポレーション、二〇〇五年）など猫関連の雑誌が相次ぎ創刊され、書店の雑誌コーナーに猫の姿が並ぶ状況が見られた。このほか、一般誌が猫特集を組むことも増え、またタブロイド判で予約講読制の『月刊猫とも新聞』（ムウズスーパーオフィス）も二〇一〇年に刊行されている。二〇〇〇年代半ばからは、猫に関する漫画雑誌の発行も相次ぐ。『ねこのしっぽ』（日本出版社、二〇〇四年）、『ねこかん』（学習研究社、二〇〇六年）、『ねこぱんち』（少年画報社、二〇〇六年）、『ねこだま』（あおば出版、二〇〇六年）、『ねこのあくび』（ぶんか社、二〇〇六年）、『ねこメロ！』（幻冬舎コミックス、二〇〇七年）、『ねことも』（秋水社、二〇〇九年）、『ねこＱ』（ホーム社、二〇一〇年）などである。同じ頃、岩合光昭の猫の写真集も注目を集めたが、二〇一〇年代に入ると岩合の撮る猫は爆発的人気を集めるようになり、テレビ番組『岩合光昭の世界ネコ歩き』（二〇一二年放送開始）も人気番組となった。

また二〇〇〇年代後半には猫カフェブームが起こった。一九九八年に台湾・台北市にオープンした「猫花園」が世界最初の猫カフェで、二〇〇四年にこの店に発想を得た日本最初の猫カフェ「猫の時間」が大阪に開店する。同店の登場後、日本各地に次々と猫カフェがオープンし、急速にブームとなっていく。

折から、インターネットの普及が情報の伝達速度を速め、またかつての猫雑誌の読者投稿欄では難しかった双方向の情報交換が可能になったことで、猫好き同士が情報を持ち寄ることにより、各地の看板猫や猫島など、猫関連スポットが人気を集めるようになった。和歌山電鉄貴志川線の「たま駅長」が最初に有名になったのはテレビでの駅長就任式の放映（二〇〇七年）がきっかけであったが、その後、インターネットを通じて情報が拡散、海外からも訪問客が訪れるまでになった。テレビだけであれば、ここまでの人気はなかったであろう。このほか、会津鉄道芦ノ牧温泉駅の「ばす駅長」（二〇〇八年名誉駅長就任）をはじめ、各地の看板猫や猫にまつわる史跡、さらにはいわゆる「猫島」

の情報などがインターネット上で交換され、猫を売り物にする観光地は次々と増えていった。こうして、二〇一〇年代には、「空前の猫ブーム」という言葉がしばしば聞かれるようになった。二〇一五年頃からは、当時の安倍晋三内閣の経済政策「アベノミクス」になぞらえて「ネコノミクス」という言葉が作られ、その経済効果が話題になったりもした。

●「空前の猫ブーム」の背景

以上のような「空前の猫ブーム」は、各種メディアの相互作用で雪だるま式に膨れ上がったものであったといえる。なかでもインターネットの役割は大きかった。「たま駅長」のような看板猫は、それ以前にも存在してはいた。例えば、一九九〇年代前半、千葉市の京成幕張駅に「シロ」という名の猫駅長がいた。駅長の帽子をかぶったまさに「たま駅長」の先輩というべき「猫駅長」であった。しかし地元では人気を博していたものの、ネットのない当時この情報が全国に広まることはなかった。このように、テレビにでも取り上げられない限り、こうした猫が全国的に有名になることはありえなかった。その上、テレビや新聞の報道は一度限りで、その人気も一過性となりがちであるが、インターネットは記事がアーカイブ化され、いつでも参照可能となる。実際に行った人が画像や記事を掲載することでさらに評判は広まり、猫好きの専門のコミュニティもいくつも存在するために情報も広まりやすい。このような形で、「空前の猫ブーム」が成立・持続したのであった。

他方で、この「空前の猫ブーム」は、逆説的であるが、都市に猫が少なくなったことも背景に存在していた。バブル期の地上げやその後の再開発の過程を通じて、都市部には一戸建てが減り、マンションやビルが増えた。道路も拡張され、通行量の多い道路に囲まれたコンクリートばかりの環境が増え、都会の猫の数は減っていくのである。かつて猫は住宅地の至るところで目にすることができたため、猫島や猫カフェにわざわざ行く必要はなかった。しかし都市に住む猫が減ることで、わざわざ猫に会うために猫スポットに出かけて行くという、新しい行動様式が誕生したのである。

二〇一七年には、ペットフード協会の「全国犬猫飼育実態調査」において、猫の飼育数が九五三万匹となり、犬の八九二万匹を追い抜いたと報道されて話題になった（「ペット数ついに猫が犬超え」『朝日』二〇一七年一二月二三日）。むろん、その理由は、単純な猫人気だけではなく、マンションが増えたことや、共働き世帯が増えたことなどで、一定のスペースや定期的な散歩が必要な犬を飼育する人が減ったことがある。また一九七五～八〇年頃に核家族化がピークを迎えると、その後核家族数は減少に転じ、一人暮らしの世帯が増える。さらに、核家族の家族構成も、夫婦と子どもの世帯の占める比率は一九七〇年代半ばをピークに減少に転じ、それに変わって夫婦のみ世帯が増える。夫婦のみ世帯の全世帯に占める比率は二〇一〇年には一九・八％となり、一人暮らしも三二・四％にまで増えている（森岡清志・北川由紀彦『都市と地域の社会学』放送大学教育振興会、二〇一八年）。散歩につれていく必要もなく、比較的手のかからない猫は、このような構成人数の減少した世帯に、「家族」として迎えられるのに適していたと考えられる。

●猫雑誌の変化

他方、インターネットの普及は、その後猫の雑誌の部数減少をもたらすことにもなった。戦後最初の猫の商業雑誌『キャットライフ』の後身『ＣＡＴＳ』は、二〇〇七年に誌名を『猫生活』と変え、隔月刊となったのち、一四年に廃刊となった。またかつて猫雑誌の代表格であった『猫の手帖』は、二〇〇八年に休刊となり、その後携帯電話用サイト「猫の手帖モバイル」がオープンしたものの、こちらも二〇一二年でサービス終了となった。雑誌の売り上げ低下は猫雑誌に限った話ではないが、情報交換の主流がインターネットに移ることで、雑誌を買う必要性は減った。一九九〇年代に隆盛を誇った『猫の手帖』は、二〇〇〇年代に競合誌が増えたことに加え、もともと庶民派を標榜し、かつ読者投稿などを重視していたがゆえに、ネットの登場によって代替されうる要素が多く、その打撃を真正面から受けてしまったのであった。

こうしたなか、ネット時代に生き残ろうと雑誌の側もさまざまな模索を行っている。『猫びより』は、街角に生きる猫の「自然体」を写した写真を多く掲載しているという意味では、ネット同様の時代の嗜好に乗りつつ、しかし岩合光昭をはじめとするプロの写真家による質の高い写真を多く掲載することでネット上の写真とは一線を画し、二〇一〇年代に最も人気のある猫雑誌となった。また、書店で販売せずに定期購読・配送方式を採用した『ねこのきもち』は、猫の喜ぶおもちゃなどのグッズを付録につけることで、継続的な人気を保っている。また雑誌『ねこ』は、近年、著名人と猫のエピソードを多く掲載し、表紙も著名人と猫の組み合わせで、ファッション誌のような雰囲気を醸し出している。九州・山口県のみで販売されているペット雑誌『犬吉猫吉』は、全国版の雑誌にない身近で詳しい情報を提供するとともに、読者参加型のコンテンツも多く、編集部と読者の距離の近い地域密着型情報誌として、読者をひきつけている。

このように、現存する雑誌は、ネットとは異なる何らかの特色を打ち出すことで、読者を獲得しようとしている。ただし、かつてほとんどが月刊誌であった猫雑誌は、現在では隔月刊や季刊のものが多くなり、売り上げも減少傾向にあることは否めない。

●猫虐待事件と動物保護管理法の改定

ネットの普及は、動物虐待を行う者にも、集う場所を与えた。二〇〇〇年代に人気を博した匿名掲示板「2ちゃんねる」では、ペット好き用の掲示板に、動物虐待に関する書き込みをして嫌がらせを行う荒らし行為が多発、そうした人物を隔離するべくペット嫌いのための掲示板が設置されたが、これがその行為をエスカレートさせることにつながり、動物虐待自慢を行う者が多く現れるに至った。特に二〇〇二年五月、「ディルレヴァンガー」のハンドルネームを名乗る人物が、猫の虐待行為を実況中継した「福岡猫虐待事件」は世を騒がせた。その後、私立探偵の運営するサイトが何らかの方法で犯人の個人情報を入手してネット上に晒したこともあり、福岡県警に逮捕を求める声が殺到、犯人は逮捕されるに至る。事件後、被害にあった子猫は「こげんた」という名前を付けられて、関連するネットページや書籍なども作られた。またネットを中心に重罰を求める署名活動も行われた。それまで動物虐待の罪は微罪として起訴されないことも多かったが、こうした動きも効果あってか、犯人には懲役六ヵ月・執行猶予三年の判決が下った。

折しも、この福岡での事件の一年半前に、一九七三年に制定された動物保護管理法が、成立から二六年にして初めて改正され、名称が「動物の愛護及び管理に関する法律」(動物愛護管理法)へと変わるとともに、それまで罰金刑のみであったペットの殺傷に初めて懲役刑の規定が設けられ(一年以下の懲役または一〇〇万円以下の罰金)、また虐待・遺棄も三〇万円以下の罰金と改定されていた。しかしこの事件に際して、それでも刑罰が軽すぎるのではないかという意見が多く出された。同法には改正時に五年ごとに内容を見直すという規定が設けられており、その後二〇〇五年、一二年、一九年に改定が行われた。そのたびに動物虐待に関わる処罰の規定は重くなり、現在では殺傷の懲役刑の上限は五年に、罰金刑の上限は五〇〇万円にまで引き上げられ、虐待および遺棄についても、一年以下の懲役刑または一〇〇万円以下の罰金とされている。

このように、動物虐待の重罰化が進むとともに、それまで野放しであった動物取扱業に対する規制も次第に強まっている。一九九九年の改正で届出制、さらに二〇〇五年に登録制が実施され、一二年の改正で、販売が困難となった猫や犬の終生飼養の確保が定められた。また同年および二〇一九年の改正によって、出生後五六日を経過しない猫や犬の販売のための引渡し・展示も禁止された。

動物実験に関しても、二〇〇五年の改正で、国際原則3R（苦痛の軽減、代替法の活用、使用数の削減）の原則が盛り込まれた。ただし、いまだ自主点検のみで済まされているのが実情で、第三者による査察制度の導入を求める声も多い。

また近年は行政が「殺処分ゼロ」に向けて積極的に取り組むようになったが、同法の改正もこうした方向性を根付かせるにあたって大きな役割を果たした。二〇〇五年の改定では、都道府県による猫や犬の引き取りについて、動物愛護団体に引き取りや里親探しを委託することができるようになった。この改定の後、ペット引き取りを有料化する自治体が急増するなど、引き取り数減少に取り組む自治体が増えた。さらに、二〇一二年の改正により、都道府県は猫や犬の引き取りを拒否できるようになった。また二〇〇八年前後から、多頭飼育崩壊の事例が各種メディアで取り上げられた結果、一二年の改正で、多頭飼育が行政による勧告・命令の対象に加えられた。二〇一九年の改正では、猫や犬に所有者の情報を記録したマイクロチップ装着が義務付けられた。

以上の改定や、行政・愛護団体の努力によって、引き取り・殺処分いずれも大きくその数を減らしてきている。総理府・環境庁の調査によれば引き取り数・殺処分数ともに、一九九一年度のそれぞれ三四万三六四二匹、三三万三四五七匹をピークに減り続け、二〇一九年度にはそれぞれ五万三三四二匹（最大時の一五・五%）、二万七一〇八匹（同八・一%）にまで減った（一九九頁図41）。また一般への譲渡・返還数は二万五九四一匹となり、引き取り数の四八・六%にまで増えてきている。しかしそれでもなお、収容数の半数以上が殺処分されているという現状は存在する。また単に殺処分しなければいい、という問題ではなく、命を得た動物がどれだけの生活の質を保てるか、ということも課題である。殺処分数の減る裏で、行政の手を経ない、業者による「闇処分」が増えているという指摘もある。行政が引き取りを拒否できるようになったことで、動物の引き取りを専門に請け負う業者も現れ、そのなかには劣悪な環境で死を待つばかりの「終生飼養」を行う者もいるといわれている。

●「猫の現代」とこれから

紙幅の限りもあり、これ以上詳しく述べるわけにはいかないが、他にも猫の飼育をめぐる問題はさまざまに存在する。しかしそれでも、社会の猫に対する扱いが、その福利を第一に考える方向に進んできていることは間違いあるまい。一九八八年に、戦前から五〇年にわたって猫を飼い続けてきたという人物が、「昔は犬と猫との差別が甚だしく、犬は利口で忠義な動物、猫は悪い性質のものとされた」「猫を愛する人は変人扱いされ、一般には蔑視」されたと、過去を振り返り、それと、当時の「猫ブーム」の状況とを対比して、猫の地位の向上を感慨深げに語っていた（前掲清水健児「猫を飼って五〇年」）。しかし、さらにそれから三〇年以上、現在の「空前の猫ブーム」をもしこの著者が目にしたら、どのように思うことであろうか。

東日本大震災後の市民運動のなかで、「肉球新党　猫の生活が第一」と書かれたプラカードをもった人の姿がネット上で話題になった。直接的には民主党が二〇〇〇年代後半にスローガンとして使用していた「国民の生活が第一」（その後二〇一二年に小沢一郎が同名の政党を結成）をもじったものであるが、このプラカードの画像が拡散されたのも、半分は面白さ、半分はある程度の共感によるものであったと思われる。実際に「猫の生活が第一」となっている人が増えていることは、例えば二〇一七年に、建築の専門雑誌『建築知識』が「猫のための家作り」を特集に組んだところ、四万部を完売し、単行本化して発売されるまでに至った事例にも表れているだろう。書店の猫コーナーを見れば、類似の本は多数販売されており、まさに生活が猫中心に組み立てられている人々が多数存在することを示している。他方、室内飼育された猫も人間の動向に気を払うようになり、なかには飼い主が仕事で不在がちなどの理由で、過剰グルーミング（毛づくろい）による脱毛症などストレス行動を見せる猫も多くなった。飼い主の側も、ペットが亡くなった際の「ペットロス」が深刻な問題となり、それを専門に扱った本がいくつも出されている。このように、猫は人間社会の一員として、また飼い主にとってはかけがえのない「家族」としての度合いを高めていく。こうした変化こそが、高度経済成長以降の猫のあり方＝猫の現代の成立過程であったということができるだろう。

とはいえ、そうした意味での猫の現代化はまだ途上にある。猫をめぐるトラブルもいまだ絶えないし、近年では希少野生動物に対する猫の食害や、それを防止するための猫の殺処分といった問題が指摘されるなど、まだまだ猫をめぐっては難しい課題が存在し、そこにさまざまな対立も生じている。はたしてこれからさらに、猫と人間はどのような関係をつくっていくべきなのか。それを考える上で、歴史のなかで、人と猫との関係がどのように変化してきたか、ということは、一つの参照軸になるはずである。

俗流「猫の歴史」本に書かれてきたように「日本人は昔からずっと猫をかわいがってきた」わけでは決してない。全体的に見れば、猫は人間に都合のいいように扱われ、さまざまな酷い目に遭わされ続けてきた。しかし、本書でみてきたように、日本の猫と人間の関係は、近現代史のなかで大きく変化してきたのもまた事実である。猫の問題は人間社会の問題であり、人間社会は大きく変わりうる、変えうるものである。

これから、我々はどのように変わっていくべきか。ここから先は歴史家の領分ではなく、本書を読んでいる皆さん自身が考え、実践していくべきものである。

猫の近代／猫の現代とはなにか――エピローグ

最後に、冒頭で掲げた問い、人間社会の写し鏡としての猫の近代・現代とは何であったのか、ということに答えて、本書を締めくくりたい。

猫の近代とは、イメージの面において、猫が猫になる、言い換えれば、猫が生物としての猫のままで捉えられるようになる時代であった。それまで、猫は化け猫として、あるいは猫神として、畏怖される存在であると同時に、浮世絵や物語では擬人化され人間さながらの活劇を演じる存在として描かれた。また文人から猫が批評される際にも、忠義でないなどと、人間の道徳心をそのまま当てはめて評価された。しかし、明治の文明開化の風潮における、合理的・科学的精神の普及は、猫の神性・霊性、さらにいえば猫の人間性をも剥奪する。妖怪や神も人間の延長線上に想像されたものであることを考えれば、こうした猫イメージの変容からは、猫を人間ないしそれに類する心を持つものとしてではなく、猫が猫としての存在のままで描かれることにつながっていった時代が近代であると考えることができる。

猫を愛する猫好きは、近世にも存在した。しかしその愛で方は時代に応じて変化しているし、何よりそうした猫好きは社会全体からすればごく少数でしかなかった。猫は美人の添え物として描かれたり、あるいは国芳のような滑稽さを付加して描かれたり、何らかの付加価値がなければ、多くの人の興味を引くことはなかった。しかし近代に入り、猫は猫としての存在のままで描かれ、消費されるようになる。そうした動きは、猫が道徳的な批判から解放され、猫を猫として慈しむ動きが次第に大きくなっていくことと並行して起こったものであった。

しかし近代の基盤となった合理的精神は、科学性の追求のみならず、事物の有用性・効率性を判断基準とする価値観をも付随する。つまり、役立つか、役立たないかこそが価値基準となる。こうした損得勘定はもちろん、近代以前から存在するものであるが、しかしそれが極大化し、社会の行動原理として支配的になるのが近代である。こうしたなかで、猫は、疫病対策に役立つとなればそれを大事に養育することが奨励され、逆に戦争遂行や社会の秩序維持に邪魔となれば強制的に命を奪われるなど、人間社会の変動に翻弄される傾向をそれ以前にまして強めた。この時期登場する動物愛護の論理も、動物を苦痛から解放すること自体が目的なのではなく、あくまで人間の教育効果から主張されていた。動物愛護は、あくまで人間社会での有用性の観点から主張され、したがって人間社会の状況次第で容易に放棄されるものでもあった。

猫の現代は、高度成長期以後の社会のなかで誕生する。自らの生活の豊かさを追求するなかでペットとして猫を飼育する人が増え、それはやがて「猫ブーム」へと到達する。高度成長期、生産や設備投資が主導する発展が限界に直面すると、新たに情報による消費の創出が行われる。「猫ブーム」もまさにそうした情報による消費の拡大のなかで起こった。書籍や雑誌、そしてテレビで、猫は消費の対象として提示され、それに触発された消費者からは、当然ながら、気軽に買って気軽に捨てる、まさに猫を「消費」する無責任な飼い主が生み出される。

ところが、情報による消費が生み出したこの「猫ブーム」のなかで、猫と出会った人々のなかから、そのかけがえのなさに気づき、猫に対してそれまでとは違った感覚を持つ人々があらわれる。消費対象としての「ペット」から、「家族」の一員への変化である。さらに、それは単に個人の感覚の変化にとどまらず、行政や愛護団体が動物の福利のための活動を行ったり、災害時に他人の飼育する猫を救出したりするようになっていく。かつて消費を喚起した情報は、今度はそうした価値観を伝える道具ともなり、猫は守られるべき「社会の一員」となっていく。家族の、そして社会の一員への変化こそが、猫の現代の最大の特徴である。そして同時に、これはいまだ完結せざる現在進行形の変化でもある。

猫の現代は近代の変異であると同時に近代の延長線上に位置するものでもある。キャットフードやおもちゃ、医薬品など、あらゆるものは消費社会と合理化のなかで生産されている。その合理化の延長線上には、管理化という動きも存在する。避妊・去勢手術や、マイクロチップの埋め込み、あるいは金銭での猫の売買などを考えてみるがよい。もし人間の家族に対して同じことをすれば、我々はどのような感情を抱くであろうか。その意味で、猫は「家族」の一員でありつつ、しかし扱いはやはり人間とは異質なのである。しかし、こうした管理を、我々はいつまで異質なものとして見ることが可能であろうか。今後、人間が同様に管理される社会が、到来しないとも限らない。猫の現代は、人間の現代を先取りしている可能性すらある。水俣病の際に、人間に先立って猫が病を発症したように。

こうした管理のあり方を捉えて、結局、人間は自分の欲望のために、猫を家族のように扱って利用しているだけではないか、と問うことも可能であろう。ただし、この問いはそれを反転させることも可能である。つまり、管理化や消費社会のなかにありつつ、それでもなお、我々は猫を愛し、守られるべき存在だと思っている、というように。問題は、管理や消費、人間の欲望が介在しているか否かではなく、その結果として追求されるものが、人間のみの幸せなのか、それとも猫自体の幸せをも目的とするものなのか、ということである。そしてこれこそ、近代と現代との無視できないきわめて大きな差異なのではないか。社会のシステムに絡め取られていることの自覚は必要だが、しかし我々も猫も、そのシステムを離れては存在しえないのだとすれば、そのシステムの制約のなかで、微調整を続け、試行錯誤を重ねながら双方の幸福度を上げていくことしか、問題に対処する方法はない。

むろん、猫は言葉を発しない。選択肢を提示して、どちらかを選べ、ということもできない。だからこそ、人間は、人間と猫の幸福を追求しようとするのであれば、猫の幸せが究極的には知りえないものであることを自覚し、自己を絶対視せず、自らの行為が、果たして本当に猫を、そして人間を幸せにできているのかどうかを常に批判的に検討するのでなければ、独りよがりに陥ってしまうおそれがある。

なお無視してならないのは、猫の「家族」化、「社会の一員」化なるものが、現実の家族の空洞化や、社会の空洞化とも表裏一体であることである。社会の複雑化と他者に対する不信感のなかで、唯一信頼できる相手として猫を愛する人もいる。また大家族はもちろん、近代的な核家族すら減少・変容していくなかで、猫が「家族」とされるようになったことは、きわめて逆説的だが、決して偶然ではない。社会や家族が人間だけのものであるという自明性が解体し、見ず知らずの他人よりも自分の猫の方がかけがえのない存在に思えるという精神状況こそが、猫を「家族」の、そして「社会」の一員たらしめている。変容する「家族」や「社会」こそが、猫をその一員たらしめているのである。

他人の顔が見えないままに、同じ社会を生きているとは思えないほどに隔絶した思考を抱く人々が増えていくのも、現代社会の特質である。その隔絶は猫に対する考え方においても生じている。そうしたなかでは猫の現代化が進むと同時に、その「完結」も容易ではなく、それ自体が新たな問題を生み出していくことにもなる。それが単に好き嫌いの問題であるのならばまだよいが、近年では、野生生物に対する「ノネコ」による被害など、単なる好き嫌いに還元しえない問題も存在する。

本書を通じての視点の一つは、猫への目線は多様であり、そうであるがゆえにトラブルを引き起こしてきた、ということである。しかしそれと同時に、そうした目線は歴史のなかで変わりうるということもすでに述べた通りである。過去の人々の猫へのまなざしを、現在の我々と同様のものとして直結させてしまうことの誤りは指摘したが、だとすれば、我々は現在の目をもって遠い未来を見ることもできないであろう。見ることができるのはあくまで現在であり、できるとして近い将来を構想するのがせいぜいである。

我々自身が「変わりうる」ことは歴史から明らかであり、自身を絶対的正義として見ることの問題性も、そこにある。主観的にはあらゆる人に正義があり、あらゆる人に理があり、しかし客観的には、その正義や理ゆえに問題をはらむことになる。そうしたなかで相互に理解し、譲歩しあうことは、一層困難であり、したがって、より一層重要となる。「地域猫」活動に代表される近年の歩みは、そこにさまざまな課題がまだ残されているにしても、こうした意味で貴重な一歩であったことは間違いない。

猫の幸福は、人間社会の再構築の先にしかありえないし、人間の幸福もまた、人間社会の再構築の先にしかありえない。多様な意見の間での対話と調整という意味での、民主主義の再構築は、我々の急務である。いかなる答えを導き出そうとするにしても、その手続きを経ることなくして、「我々」と「彼ら」（それぞれが何を指すか自体、可変的であるが）の双方にとって幸福な社会はありえないであろう。

あとがき

子供の頃、猫が好きではなかった。なぜだかわからないのだが、猫は「狡い動物」だというイメージを抱いていた。猫が好きになったきっかけは、高校生の時、家族で茨城県に行った時に出会った猫だった。夜、弟たちと道路沿いの明かりに集まるクワガタを採りに出かけた時、おそらく二キロ近く、ずっと後をついてきた猫である。車にひかれないかとハラハラするなか、交通量の多い横断歩道をしっかりと渡り、クワガタ採りから再び戻ってくるまで、時にわれわれと戯れながら、ずっとついてきた。我々は猫を「土左衛門」と名付け、撫でて可愛がり、最後には父に「家に連れて帰りたい」と懇願した。しかし団地に住む我が家で、それは許されることではなかった。そんなやりとりをしているうちに、土左衛門は自分から姿を消した。ほんの数時間の出来事であったが、猫を好きになったのはこの時からである。

実家を出てから、初めて猫を飼った（一五〇頁の写真に写っている猫である）。そして、猫が持つ感情の豊かさを知り、驚いた。人間とこれほどコミュニケーションが可能な動物だとはそれまで思っていなかった。そして八年後、その猫が病気で死んだ時、数日間咽び泣いた。親族が死んだときにも涙は出なかったのに、なぜこんなに涙が出るのかと、自分で自分に驚いた。

猫が死んでも思い出は自分の心のなかで生きている。そう思って自分を慰めたが、しかしこの先自分が死ねばその思い出も跡形もなく消えてしまい、誰もかつてあの猫がいたことを知らなくなるだろう。それは歴史のなかに、自分と愛猫の間にあった日々が存在しなかったことと同じではないのか？　そう思うと悲しくて仕方なかった。そして、同じように、過去に、私の知らない多くの猫の生があったであろうことに思いを致し、いつしかそうした過去の猫と人間が紡いできた関係を、歴史書として描くことはできないかと考えるようになった。

しかし着想はあっても、実際にそれを形にするにはきっかけがいる。そのきっかけを与えてくれたのは、二〇一七年に雑誌『文芸ラジオ』から「猫の歴史」に関する執筆依頼をいただいたことにある。しかし、調べるほどに、猫と人間の歴史は、必ずしも幸せで美しいことばかりではないということもわかってきた。有名人に愛されたごく一部の猫の幸せ物語よりも、「普通の猫」たちのたどった歴史を書きたいとも思うようになった。そして『文芸ラジオ』に掲載された文章をみた勤務先大学の職員から、今度は大学のウェブ上で、猫の歴史に関する短い記事の執筆を頼まれた。それが本書執筆の話へとつながっていった。

書いてみると難しかった。猫と人間の関係は多様であり、ゆっくりと移り変わっていく。全体の傾向性があってもかならず例外もある。安易な時期区分もできない。人から向けられる愛憎の幅の激しい猫への対応を、一般論として語ることは非常に難しい。どんな一般化にも例外が付随する。「普通の猫」の歴史を志した本書の執筆は、苦難の連続だった。しかし、類書のないなかで、初めて日本の近代から現代にかけての猫の歩んできた歴史を、通時的に描いたという意味では、それなりに自負するところもある。

もちろん描けなかったものもある。猫自身が語らないことに加え、一部の猫でなく「普通の猫」の通史を描こうとしたことで、必然的に、過去に生きた、それぞれの猫の個性は捨象せざるをえなかった。個人的な体験に引き寄せて言えば、最初の猫が死んだ時、もう猫は飼うまいと思った。だが、猫が死んだその日に生まれた、同じ種類の猫を、たまたま見つけてしまった。そして、もしかしてあの子の生まれ変わりではないかという、今振り返ればとても馬鹿げた気持ちを抱いたことから、再び猫との生活が始まった。驚いたことに、前の猫と見た目は似ていても、性格は全く異なっていた。猫にもかけがえのない個性があることを初めて実感した。「普通の猫」の通史を書きたいと始めた本書だが、実際には「普通の猫」などどこにもいない。猫の近現代史の通史を描くことで、個性のあるそれぞれの猫を「普通の猫」に押し込めてしまった面もあるだろう。しかし、一匹一匹のかけがえのない個性を、どう通史的な歴史叙述に組み込んでいくのかはとても難しい。個別の猫の思い出を記したエッセイの類はたくさんある。しかしそうした思い出や記憶を集積したアンソロジーではなく、猫の個性を組み込んだ上でどうやってひとつの客観的な歴史像を書きうるのか、とりわけ言葉を語らない猫を題材にしてそれはいかにして可能なのか。その答えはまだ出せていない。今後の私自身の宿題である。

執筆するにあたって書いたメモ書きは四〇万字を超えた。そこから相当に絞って草稿を執筆したが、それでも最初の原稿は二〇万字近くになってしまった。結局そこから四万字を削り、当初書くつもりで書けなかったことや、泣く泣く削ったことも多い。削ってしまった部分に加え、本書を書くなかで出てきた新しい構想も含めれば、猫の歴史に関してはまだあと数冊分の本を出せるぐらいの材料が溜まっている状況である。前述した、猫の個性をどう歴史に組み込むかという課題も含め、機会さえあれば、いずれまた新しい本を書きたいと考えている。

最初の原稿からかなりの部分を削除したとはいえ、それでも当初の予定より大幅に枚数が増えてしまった。そうしたなか、なるべくそれを活かす形で対処してくださり、また種々の要望にも柔軟に応じて下さった編集担当の吉川弘文館冨岡明子さんには心からお礼を申し上げたい。また資料収集・整理やデータ入力、校正にあたっては、宮谷菜月さんの御助力をいただいた。動物、特に犬が好きな宮谷さんにとっては目にしたくない記述もあったことと思うが、細かく丁寧な作業をしてくださったことに、深くお礼を申し上げたい。

なお、猫にかかわる同人誌や雑誌には、図書館に所蔵されていないものも多く、収集に非常に苦労した。特に日本ネコの会の会報『ねこ』の一部や、日本猫愛好会の会報『猫』の一部、ＪＣＡの会報『ＣＡＴ』、雑誌『キャットジャーナル』、永野忠一の初期の書籍、福田忠次『猫通信』や八鍬真佐子『ねこ漫画通信』など、目を通したかったが結局見つけることができなかったものも多い。猫にかかわる資料は簡単に捨てられてしまうことも多く、また猫に関係する団体も、中心人物の引退や死去によって消滅してしまうことも多いため、当事者の方々の記録を残していくことが必要だと痛感した。本書をお読みの方々のなかで、そうした、一般の図書館に所蔵されていないような猫の歴史にかかわる資料をお持ちの方は、ぜひ著者までご連絡をいただければ幸いである。歴史のなかに埋もれさせることなく、未来にわたって保存・活用できる形で残す手立てができればと考える。

二〇二一年三月

真　辺　将　之

著者略歴

一九七三年　千葉県出身
二〇〇三年　早稲田大学大学院文学研究科史学（日本史）専攻博士後期課程満期退学
二〇〇九年　博士（文学）の学位を取得
現在　早稲田大学文学学術院教授、ルーヴェン・カトリック大学（ベルギー）客員教授

〔主要著書〕
『西村茂樹研究—明治啓蒙思想と国民道徳論—』（思文閣出版、二〇〇九年）
『東京専門学校の研究—「学問の独立」の具体相と「早稲田憲法草案」—』（早稲田大学出版部、二〇一〇年）
『大隈重信—民意と統治の相克—』（中央公論新社、二〇一七年）

猫が歩いた近現代
化け猫が家族になるまで

二〇二一年（令和三）六月一日　第一刷発行

著　者　真《まな》辺《べ》将《まさ》之《ゆき》

発行者　吉川道郎

発行所　株式会社 吉川弘文館
郵便番号一一三—〇〇三三
東京都文京区本郷七丁目二番八号
電話〇三—三八一三—九一五一〈代〉
振替口座〇〇一〇〇—五—二四四
http://www.yoshikawa-k.co.jp/

印刷・製本・装幀＝藤原印刷株式会社

ISBN978-4-642-08398-0